茗边 庚子春

孙状云 主编

西泠印社出版社

编委会

主　　　　编	孙状云
副　主　编	杨鸿春　张凌锋
编　　　辑	胥　滨　饶晓娟　胡文露　王思琦
视觉设计总监	宋小春
视　觉　设　计	徐　冀
战　略　总　监	谢　明
专　业　指　导	王岳飞
艺　术　指　导	陈华亮
总　　顾　　问	吴晓力

顾问（按姓氏笔画为序）

丁以寿　王　庆　王亚雷　王旭烽　王岳飞　毛立民　尹　祎　刘仲华
江用文　孙　蔚　孙威江　李自强　杨文标　余　悦　张士康　张卫华
陈勋儒　邵宛芳　罗列万　周红杰　郑国建　柴理明　萧慧娟　屠幼英
蒋　同　鲁成银　蔡　军

鸣谢单位

中国茶叶博物馆

中华茶人联谊会

浙江大学茶叶研究所

中国食品土畜进出口商会茶叶分会

全国茶博物馆联盟

杭州火石品牌策划有限公司

湖南华莱生物科技有限公司

目录
Contents

以点成线的茶叶地图：
既重世界，也重内心

■刘仲华

我们知道，中国人喜欢贯通路径，常常以点连线形成带有中国特色的纽带。

以长安为起点，经河西走廊连通西域诸国的通道，我们称之为"丝绸之路"；

以泉州为起点，经马六甲海峡连接亚非欧诸国的航线，我们称之为"海上丝绸之路"。

凡此种种，让我们见识了中国要与世界诸国和平贸易、共同发展的初心。时至今日，"一带一路"倡议的提出，更是旨在借用古代丝绸之路的历史符号，高举和平发展的旗帜，积极发展与沿线国家的经济合作伙伴关系，共同打造政治互信、经济融合、文化包容的利益共同体、命运共同体和责任共同体的美好愿景。

说到茶，其实在茶的领域也有很多条这样的纽带。海、陆丝绸之路自不必说，茶马古道、茶船古道、万里茶道、唐诗之路等等，都是特定时代下茶产业发展的产

物。沿着这些古道溯源，我们可以尽收沿途茶叶风光，这片叶子业已成为百姓致富的敲门砖，成为中国与世界交流的重要环节。

这是我们赋予茶叶的无比尊崇的地位。

而茶之所以为茶，还应是能直击内心，把我们带回曾经无忧的世界里笑看风雨，是有一种把他乡变故乡的神奇力量的"灵物"。

中国 24 个产茶省、（直辖）市、（自治）区若是以点成线，那将是多么壮丽的茶叶山河图。

茗边，一直致力于深入原产地作最地道的文字解读，带读者回归以点成线的茶叶地图之中，寻找你想要的美好。

茗边采风团的名声在业内可以说是很响亮的。聚焦一个茶乡，剖析一个产业，茗边一直以他们的热情和功底带给我们美的享受。本书就是以茗边采风团所到的产区为本，以点成线，为读者描述中国茶叶之美。

他们在告诉我们：

以点成线的茶叶地图，既重世界，也重内心！

茗边的人常说，每一片茶园都是心灵的后花园。茶乡亦故乡，这是喜欢茶到极致的一种情怀！

刘仲华

第一辑

来自茶马古道
的历史遗烟

茶马古道，短短四个字，给人以无限遐想的历史厚重感。
那些纷争的年代，茶给我们带来的是民族交融的最好见证。
褪去烟尘的那些古道，诉说着可歌可泣的中华茶之魂。

蒙顶山，世界茶文化的圣山

■孙状云

【编者按】

2000 多年历史的蒙顶山茶；

1300 多年历史的雅安藏茶；

两者同宗同源，互相成就，绵延十几个世纪不曾遗落，成为中华茶文化发展史上熠熠生辉的两颗明珠，也成为茶文化发展史名册目录上的两座丰碑。

世界茶源，必首蒙顶；自汉伊始，吴公称仙；

千年咏叹，茶马古道；唐宋之基，友邦之交。

两千多年来，一座雨城精心哺育了片片茶叶，历经岁月的沉浮与时间的打磨。因此，茶有了氤氲的温度和文化的厚度。

一千多年来，两个方域互市成就了茶叶邦交的美谈，茶马司里榷茶忙碌的身影，以马换茶的历史岁月留下背夫的千年叹息和家国生死的至高命题。因此，茶有了永恒的高度和历史的深度。

拥有蒙顶山茶和雅安藏茶的雅安，几乎构成了整个中国茶文化发展历史脉络的圣地。我们怀着无限的敬仰，雅安双璧千年的光辉至今闪耀，成为茶人心中的一个期待：穿越唐、宋、元、明、清五朝贡茗的厚重历史，搭载"一带一路"东风扬帆起航，翱翔出川，成为川茶复兴路上的风向标、排头兵和领航员。

探访那心驰神往的雅茶双璧：蒙顶山茶、雅安藏茶。以茶神交，寄情蜀中；以马连襟，意达文章。

无数次到过雅安。雅安茶产业及茶文化的两张亮丽名片——蒙顶山茶和雅安藏茶，几乎构成一部完整的中国茶文化发展脉络史，想将它叙述清楚是困难的。每次来，都带着一种几近朝圣的心情，这是文化照观下精神朝圣的寻寻觅觅之旅，在举目皆是风景、移步处处历史的雅安茶路上，2000多年的茶文化圣山蒙顶山，1300多年的雅安藏茶茶马古道，让我们的思绪在不断的历史穿越中莫名地滋生出一种彷徨状的幸福。一处又一处文化殿堂式的丰碑，由瞻仰成为膜拜。

蒙顶山，这是一座世界茶文化的圣山。我又一次来，千年古银杏树的叶子已经飘落了，找出朋友发来的银杏叶黄的照片，想象着那种震撼心灵的壮美。叶落了，在寒风中挺立的树枝迎来了今冬第一场雪花的飘舞，这是另一种视觉中的壮美！我们曾经相约，在阳光下的银杏树下一起品蒙顶甘露。在银杏叶黄的季节，我来了，我们终于来了！

到雅安，蒙顶山是不能不去朝圣的。

很多次来，回顾曾经写下的文字，记得那一个传承千百年的名联佳句："扬子江心水，蒙山顶上茶。"

那一座蒙顶山山门是象征中华茶文化悠久历史的牌坊，她是蒙顶山的标志，也可以看作是中华茶文化的标志之一。一脚踏进山门，仿佛跌进了时间的隧道，如果说，时间是构成历史的主要元素的话，那么，这一永远的空间便是对历史最好的诠释与还原。

他走了，你来了，我也来了。蒙顶山在各人的眼中，是不同的景观，留下的是不同的记忆。沿着石阶向上延伸，久远历史的那年那月那天在想象中浮现。历史的长焦拉近了，仿佛有画外音在说：山路沧桑，云雾遥远，蒙顶山从远古走来。

关于蒙顶山，有一个美丽的传说，一直被当地人所传颂，那就是一个名叫吴理真的人在蒙顶山上种茶的故事。

据说，名山县城外住着吴家母子，儿子吴理真行医为生。一日，母亲胸口痛，吴理真赶紧上山采药，他爬上蒙顶山，口渴了，像往日一样，走到山泉边喝水。

在山泉的倒影里，他看见有一个女子的身影在水中晃动。

那女子便是羌江龙王之女蒙茶仙姑，她感动于吴理真的孝心与执着，不惜触犯天条，下凡来助他一臂之力。蒙茶仙姑从天庭偷来七粒玉芽茶种，治好了吴理真母亲的病，还与他结为夫妻，教会了吴理真种茶、制茶。他们在蒙顶山玉峰间种下的七株茶树，成了供奉皇家的

皇茶园。

　　这是坊间的传说，有着不同的版本。当地人称吴理真为茶祖。

　　历史资料显示，吴理真在蒙顶山植茶是真，至于他身处的年代是汉代还是宋朝，茶史专家们仍在争论。不管史学家怎么争论，都无法动摇吴理真作为蒙山茶祖的地位。他已经被尊称为"茶神"了，在中华茶文化历史上，除了神农和陆羽有塑像供养外，与茶有关的众多历代名人，又有谁像吴理真这样获得如此殊荣，被尊称为茶神，特设庙宇专供塑像的呢？因为吴理真，蒙顶山历史遗存了如此众多让人瞻仰，让人寻觅、沉思、感叹、兴奋的茶文化遗迹。只此圣地，别无他处。

　　朝圣的虔诚之心不改，不管吴理真是人、是僧、是道家仙人，或是真的成佛了、变神了，我都顶礼膜拜……

　　茶神庙里的小沙僧不知道我心里的祈求，一

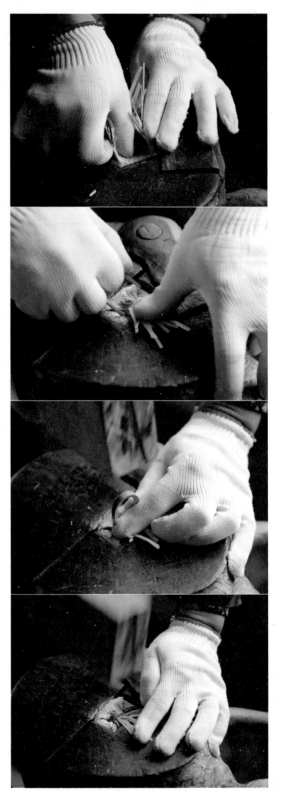

味地引诱我八卦测字算命。

他是佛是神吗？在我心里，与其说他是神，还不如说他是我十分尊敬的茶人。

茶无不奇，此为圣地。

蒙山茶，是中华茶文化灌溉孕育的奇葩，是可看、可品、可遥相望对的心灵之物。她集儒、释、道于一身，曾用于祭天祀祖，也曾经供在佛前，为皇家专贡专用，为历代文人墨客吟诗传唱，一杯茶里是千年的文化。

不知是谁咏过这样的诗句，如此描述蒙顶茶："一千年岁月的甘苦，溶进一杯茶水里；一千年云雾的变幻，凝在一缕茶色中；一千年春的芬芳，留在我的舌尖上。"

看过了吴理真种茶结庐的石屋，瞻仰了那一处在宋孝宗淳熙十三年(1186)正式命名的"皇茶园"遗址，凭吊了那一处"甘露"古蒙泉，举目移步，一处又一处的历史遗存，让人沉湎在历史的故事中，心魂漂泊。

我惊叹！这是一处真正以茶为主体的景观园林，由此可以窥见蒙顶山昔日的辉煌。她与唐代浙江长兴顾渚山的大唐贡茶院、宋时福建建安（今建瓯）的北苑贡茶院不同，更具一种尊茶、敬茶、爱茶、娱茶的人文情怀。设计者、建造者仿佛洞察了所有爱茶人的心思。蒙顶山人对茶的那份自信与真爱，谁人能超越？

茶神在，茶人也在！

悠久的历史记录在茶神庙前院子里一棵棵枝干粗大的银杏树上。春天了，又见新绿，可以想象，如果是遇上银杏叶黄的时节，那满树金黄、遍地如金的落叶场景将是何等震撼的场面。

坐在院子的茶桌上，喝一杯用蒙顶山泉泡的蒙顶黄芽或甘露，不必龙行十八式严肃而庄重的茶礼，无心无事地在温暖的阳光下待上一个下午，这将是何等惬意的悠闲啊！

流水的游人，铁打的蒙顶山。我来了，我们来了！

煌煌大观 茶马古道

■张凌锋

历史往往是神奇的，令人捉摸不透的，也是令人敬畏的。

背夫们永远不知道他们曾经赖以生存的漫长古道最终会成为我们凭吊的遗迹。

那一天，在二郎山脚下，感受到了来自历史的马鸣声、驼铃声，以及背夫们拐钉重重敲在石板上时发出的金石声。

曾经以为云南的茶马古道冠绝天下，殊不知，盛名之下遗留的仅是荒草漫径的古道，若真要看古道遗迹还是得来雅安。陈开义老师说：那必须要到天全。

蜀中无二紫石关

雅安又下雪了，纷纷扬扬的雪肆意留在二郎山的山顶，永恒的白与历史涌动的黑形成强烈的呼应。茶马古道穿越了旁人难以想象的艰苦与黑暗到达了白雪皑皑的方域，这是一个伟大的传奇。

紫石关，是天全通往康定的最后一个境内驿站。从雅安出发到这里，背夫们历经千辛万苦来到紫石关，卸下重重的以命相换的"糊口钱"，在这里歇歇脚，再启征程。

一座蜀中无二的城楼，是在元代的基石上重建的，楼前的茶炕，则是清代的产物。茶叶随着背夫们一路穿山越岭，有可能感染潮气，茶炕就是用来再次烘烤茶叶的。或许一路上有很多这样的茶炕，但有遗迹可考的，全国范围内便只有此地一处，别无二家。在历史洪流的洗刷中，它依旧用顽强的生命力向世人诉说着曾经的风雨兼程。

有别于漫漫古道的阵阵黄沙或是无限春光，我们终于在茶马司之后再次看到实物，历历在目，岁月可叹。

艰苦卓绝甘溪坡

时光向前流走，而我们行进的脚步却是倒退的。从紫石关往下迈入茶马古道甘溪坡遗址。

与目前被开发成茶旅小镇的紫石关不一样，甘溪坡依旧保留着原始古朴的村落面貌，村民不多，或他们早已出山谋生，只留下见证了茶马兴荣的那座村子和那条筑满拐子窝的长满青苔的石板路。

这是一条从村子延伸出去的石板路，脚下的石头都是一个个拐子窝，成为茶马古道独有的标记，是历代背夫留下的铁血见证。它的形成是因为背夫们途中歇息只能用手里的丁字拐支撑于背架之下，让拐子的末端杵于石头上，而那端梢包裹的铁尖在一代又一代背夫一次又一次偶然的重复之中，与石头摩擦留下了永恒的烙印。

星星点点的拐子窝如同一块无字的纪念碑，向世人展示着古道的风雨年轮；也像一部用特异文字书写的诗篇，是世代背夫饱蘸血汗，以铁杵作笔，石径为纸，在古道上完成的宏伟杰作。据说，一个背夫需要背负22篓每篓18斤近400斤的茶包，妇女则减半。他们哪里

是在背茶，明明是背起了整个家、整个民族的希望，整个同胞的友谊。

心情是承重的，历史中的背夫靠着一己之力扛起了嗷嗷待哺的期待以及生死不明的未来。在蒙顶山茶史博物馆里，我看到这样一首背夫顺口溜：

甘露寺过了泸定桥，烹坝瓦斯日地坝；

生杭进城把茶交，急急忙忙转回家；

还请"交头"算一下，可买几斤玉米砂。

感恩时代吧，致敬背夫吧，他们并不知道他们用一对肩膀扛起了家国兴亡的大任，用一双脚丈量了中华文明的长度；他们只知道为了换取"玉米砂"让全家吃饱。回想到雅安名山区的万古乡至美茶园绿道，那是一派欣欣向荣的改革之春，茶园变公园，茶区变景区，早已告别了茶马古道的硝烟与尘土，我们不用企及那样的生活，但我们有必要忆苦思甜。

历史总是那样神奇，连接彼端与此端，成全了一个命运共同体。

我们不是背夫，却成了背夫的学习者与聆听者；

我们不曾走过茶马古道，却为了这一条道苦苦追寻，为的就是寻找那份苦难下的民族自信与普通大众的自强。

在紫石关的现代建筑中，我看到了聂作平的这篇《古道背夫铭》，读来深有感触，特此抄录——

二郎莽莽，和川浃浃。扼藏汉，控南诏，自司马相如开边拓土，天全即挺拔于西羌。物华天宝，茶乃南方嘉木；人杰地灵，先人功德犹惠乡党。窃考天地之道，道在调和，法在互补。驰骋千里，藏地良马嘶；滋养众生，汉家边茶香。茶马联姻，遂有互市，互市既成，则古道绵延远方。

开元十九载，朝廷允行茶马之政。天全之

硐门，遂为边茶集散要地；天全之甘溪坡，则为古道重要驿站。自唐时至清季，两地共擅一千一百载茶马之辉煌。

细究茶马古道，艰难异于寻常。而运输之法，因地而异：藏区多用牦牛，滇地古有马帮。惟天全一带，既无天时赶牦牛，也乏地利走马帮。往返古道者，惟有人力。互市不止，运输不废，遂有天全背夫声名远扬。

鸡声茅店月，人迹板桥霜。遥想当年，背夫前仆后继，戴月披星，古道蛇行大荒；追思往昔，商家不绝如缕，晓行夜宿，壮岁奔走他乡。而铁杆之击地，青石道上犹有坑窝如阵；而重负之压肩，马鞍山中风雨玄黄。

越阡陌，跨雪山，攀危岩，涉寒江。千年之中，几多背夫接力于途？百代之下，如许行者魂断异乡？自硐门至康定，背夫结伴行于山野，绵绵茶马道，凄凄断人肠：春时杜鹃啼，声自凄凉。夏时山洪紧，借问路何方？秋时黄叶下，慈母盼儿郎。冬时风雪乱，客行悲故乡。岂知肩头茶叶美，谁识脚底岁月长？多少平平仄仄足迹，书写古道无字华章。多少曲曲折折人生，谱就茶马无韵绝唱。

古道千年，背夫千年。君不见崎岖起伏之小道，竟成藏汉和衷共济之臂膀。诗人吟哦：蜀茶总入诸藩市，胡马常从万里来。民间声称：以茶易马，藏汉吉祥。往事流转千年，古道依旧立斜阳。

呜呼！背夫之于斯世，如尘埃之寂寂；背夫之于当代，似星斗之煌煌：连接藏汉两地友谊路，千万背夫脚下藏。满目余晖之古道，藏汉亲情满长廊。今日天堑变通途，更思昔日路彷徨。

赞曰：茶马千秋，古道苍茫。先人之风，山高水长。

岁月风霜茶马司

历史上的茶马古道并不只有一条，它也不是一条单纯的路，而是一个庞大的交通网络。有驿站，更有久负盛名的茶马司。据历史记载，全国当时有很多茶马司，历经战火硝烟，目前只剩下位于雅安名山区的这座茶马司。

茶马司成为我们朝圣的重要一站。在细雨中的茶马司似乎多了一份惆怅和无奈，我也感受到了马嘶声和当年络绎不绝的榷茶身影。

雅安东靠成都、西连甘孜、南界凉山、北接阿坝，与藏区接壤，两地间容易发生沟通和交流，最初也就是简单的一些以物易物的往来。在很长一段时间里，茶叶和盐一样，是官方严控的专卖品。

为"开阔利源，驰走商贾"，唐宋以来，朝廷高度重视边茶贸易，列为"国之要政"，施行"茶马之政"，由国家统购统销边茶，先后推行"茶马互市""榷茶制""引岸制"等政策，"以茶治边""以茶治夷"。

唐景云二年（711），吐蕃女政治家亦玛类倡议唐蕃茶丝换马贸易，以赤岭、甘松岭为互市地，年易马 4.8 万匹，开茶马互市先河，创茶马古道开端。

唐肃宗至德元年（756）至乾元元年（758），在蒙古的回纥地区驱马茶市，开茶马交易的先河。到了明代，茶马政策成了治边的重要手段，这一政策一直延续到清雍正十三年（1735），官营茶马交易制度才终止。

宋代的"以茶易马"政策，是基于北宋时期中央王朝政治、经济、军事需要而制定的特殊政策，一直沿袭至清，历时六百余年。宋朝在"榷茶制""茶马互市"和"以茶治边等"茶政的实施上，达到了我国历史上的最高水平。官榷茶叶不仅为了买到更多的马，更重要的是通过对茶叶贸易的垄断，达到"以茶治边"的目的。

榷茶制即茶叶专卖制，始见于唐朝。唐大和末年（835），太仆卿郑注建议唐文宗改税茶为榷茶，盐铁转运使王涯为尽收茶叶之利，也力谏大改茶法，增加江淮、岭南等地的税率。文宗就命王涯为榷茶使，于当年"徙民茶树于官场，焚其旧积"，禁止商人与茶农自由贸易，使茶叶产销统归朝廷经营。茶农的利益被盘剥殆尽，以致朝野侧目，天下大怨。后王涯因"甘露事变"被杀，朝廷才听从户部尚书令狐楚的建议，废止了实施才一月的榷茶制。

宋代榷茶，始于宋太祖乾德二年（964）。朝廷在各主要茶叶集散地设立管理机构，称榷货务，主管茶叶流通与贸易；在主要茶区设立官立茶场，称榷山场，主管茶叶生产、收购和茶税征收。宋代在全国共有稳定的榷货务6处，榷山场13个，通称六务十三场。茶农由榷山场管理，称为园户。园户种茶，须先向山场领取资金，称为本钱，实则为高利贷。其所产茶叶，先抵扣本钱，再按税扣茶，余茶则按价卖给官府，官府再批发给商人销售，也有少量通过官府的专卖店"食货务"出售。商人贩茶，应先向榷货务缴纳钱帛，换取茶券（又称交引，即贩茶许可证），凭引去指定的山场（称为射）或榷货务提取茶叶，运往非禁榷（官贵）之地出售。官府从园户处低价收购重秤进，给商人则高价出售轻秤出，双利俱下，以获取高额利润（称为息钱或净利钱），充实国库。一般每年可得茶利百万贯以上。宋神宗时，最高曾获利428万贯。

两宋时期，茶马互市促进了蒙山茶大发展，加强藏汉团结，是统治阶级"羁縻"手段之一。因为对手辽国切断了从蒙古和新疆输送战马的途径，宋王朝为了保证军马之需，在北宋太平兴国二年(977)，实行"榷茶易马"制度。这一制度在四川首先推行，并规定"名山茶专为博用，不得他用"。从此蒙山茶成为历代中央王朝与吐蕃等国进行茶马贸易的专用茶，是我国汉族人民与吐蕃等族人民加强政治、经济、文化联系的重要纽带。为了加强茶政，名山设置了"茶监"，相当于正七品，专司茶叶的生产、收购和转运工作，蒙山茶成为军需品。据《天全县志》载：宋朝熙宁年间，天全茶马比价为一匹马换茶一驮。崇宁年间，一匹四尺四寸大马，换茶120斤。到了明代，改为上等马一匹易茶百斤，中等马一匹易茶80斤，下等马一匹易茶60斤。随着互市规模不断扩大，朝廷换得马匹增多，雅安输入藏区的茶叶数量也逐渐增多。

宋神宗熙宁七年（1074），朝廷派李杞入川，在今雅安名山新店镇设立茶马司，"筹办茶马政事"，现为我国唯一的茶马司遗址。名山新店保存的茶马司是全国唯一的"以茶易马"

官办机构旧址，是研究茶马古道的重要载体。据宋史记载："神宗熙宁八年（1075）榷蜀茶"，"九年（1076）吐蕃购茶定雅州为交易所，置茶场，县令加同监茶场衔，自称茶监，元丰时有司请以茶易马，名山设茶马司。"元丰四年（1081），宋神宗诏："专以雅州名山茶易马"。宋徽宗建中靖国元年（1101），重申神宗特诏。大观二年（1108），再次重申："熙、河、兰、湟路，以名山茶易马，不得他用，恪遵神考之

训。"宋孝宗时，蒙顶山茶几乎全部被"专用博马"，每年为朝廷换取战马两万匹，提供大笔财政收入。宋徽宗政和三年（1113），名山年产茶42165驮，即年产量达到四百万斤，名山茶发展到了高峰。

清道光二十九年（1849）重修的茶马司遗址系纪念性建筑，占地面积约4000平方米，建筑面积1000多平方米，是一座石料檐柱的砖木结构四合院。历史上的茶马司主要与以藏族为主的少数民族进行以茶换马交易，而用于军事，鼎盛时期达到"岁运名山茶二万驮"之多，有时接待民族茶马贸易通商队伍人数一日竟达2000人，盛况可见一斑。

茶马司，中华茶文化历史节点上一座可见的丰碑，见证了茶与国家兴荣的互存。这唯一的一处茶马司遗址依旧是我们重走茶马古道重要的一环以及研究茶马古道重要的文物遗迹之一。

蒙顶山茶的"中国梦"

■文/陈开义

　　茶，曾是世界之梦。这枚小小的神叶，从古老的中国，经丝绸之路和茶马古道，传日本播南洋、出西域入欧洲，用沁人的茶香与甘美的茶味，缔造了一个恢宏壮观的东方传奇，在潜移默化中改写了人类历史，丰厚了世界文明。

　　中国是茶的故乡，四川是茶的摇篮，雅安是世界茶文化的发源地。

　　沐浴清风雅雨，与茶共生共荣，两千多年的滋润，这座秀雅宁安的小城在历史的慢火中，在茶旅融合的相得益彰里，徐徐烘焙出沁人心脾的雅韵。

　　地处最宜绿茶生长的北纬30°地带，优越的降雨、日照、多雾等气候条件，酸性肥沃土壤、生物多样性、自然环境优越等自然天赋，造就了久负盛名的雅安"蒙顶山茶"。

　　蒙顶山茶是雅安的，更是属于世界的。2004年9月，有着"世界茶文化奥林匹克盛会"之称的第八届国际茶文化研讨会在雅安召开，会议通过的《世界茶文化蒙顶山宣言》指出：蒙顶山是世界茶文化的发源地，也是世界茶人"寻根"和"朝圣"的神往地。蒙顶山是世界茶文化圣山，蒙顶山茶文化是中国的，也是世界的、

全人类的。博大精深的蒙顶山茶文化是人类社会共同享有的精神财富。

两千多年前，茶祖吴理真在蒙顶山驯化了七株野生茶树，自此，蒙顶山茶就融入了中华文化的血脉，成为一种独特的商品、文明礼品、文化产品，经南北丝绸之路和茶马古道遍及中华，传遍五洲四海，为世界人民所青睐，从而深刻影响了全世界。

蒙顶山茶历史上曾经是政治茶、经济茶、文化茶。自唐至清，蒙顶山茶自始至终作为朝廷贡茶。自被称为最早的"茶马古道"的西汉"牦（旄）牛道"开始，伴随着茶马互市、茶马贸易的兴旺而开通的茶马古道，历经唐、宋、元、明、清五个朝代，蒙顶山茶都是历代王朝与藏族、羌族等少数民族进行茶马贸易的专用商品，有力地促进了民族团结、经济发展、文化交融。据《日本茶叶发达史》记载，唐文宗开成五年（804），蒙顶山茶就已作为国家级礼茶，漂洋过海传到国外。明代，郑和率船队先后七次下西洋，将包括茶在内的中国大批货物与各国进行交换，积极推动了世界饮茶风俗的形成以及茶文化的发展。

昔日皇帝茶，今入百姓家。茶业已经成为一项民生产业，雅安人因种茶而富，雅安经济因茶而活。茶叶作为一项生态产业，使雅安旅游资源更加丰富，人文底蕴更加深厚，生态环境更加优化；茶叶作为一项文化产业，尽茶之真，发茶之善，明茶之美，升华人的精神，陶冶人的情操。

当前，中国茶业发展面临"新常态"，机遇与挑战同在。如何变危为机，开启问鼎之路、寻梦之途，需要深度思考。

习总书记先后提出"中国梦"的宏伟愿景和建设"新丝绸之路经济带""21世纪海上丝绸之路"的合作倡议。"中国梦"和"一带一路"合作倡议的提出，无疑为复兴中华茶文化、振兴中国茶产业，建设中国茶业强国捕捉到了新的历史发展机遇。无论是从发展经济、改善民生，还是从应对金融危机、加快转型升级的角度看，"一带一路"连接"中国梦"与"世界梦"。

小小的茶叶，可以迸发出巨大能量，"一带一路"演绎的美好前景，正是蒙顶山茶的"中国梦"。

蒙顶山茶，自古就是"一带一路"的中国符号。作为丝绸之路重要驿站，雅安有着独特的地理区位、历史文化优势；作为川藏茶马古道起始地，蒙顶山茶有着不可磨灭的作用与辉煌。

如何抢抓"一带一路"倡议战略机遇，再次发出雅茶"最强音"？紧紧扣住灾后恢复重建和国家生态文化旅游融合发展试验区建设机遇，挖掘茶历史，弘扬茶文化，擦亮茶品牌，让千年老字号蒙顶山茶焕发青春，成为雅安共识。

在阵痛中转型，踏上品牌复兴之路，一场政府搭台、企业唱戏，政企和谐共振的大合唱已经在雅州大地拉开序幕。以"振兴雅茶产业，打造世界茶源，建设世界茶都"为"一个中心目标"，以蒙顶山茶和雅安藏茶为"两大主打品牌"，以甘露为代表的蒙顶山绿茶，以雅安藏茶为代表的黑茶和以高山、生态、有机红茶为代表的蒙顶山红茶"三驾马车"并驾齐驱，抓好科研、基地、加工、市场"四大重点"，实施科技、龙头、品牌、市场、文化"五大兴茶战略"，雅安快马加鞭飞驰在从茶叶资源大市

向茶产业强市跨越的征程上，奋力建成省内外生产、加工、文化、旅游融合发展重要基地。到2016年，全市茶叶面积扩大到100万亩，预计2020年茶业综合产值达200亿元，利税超过10亿元；把"蒙顶山茶"打造成世界知名品牌，从而实现整个茶产业经济做大做强，科技创新创优，品牌做响做亮，市场做大做宽，文化做深做精。

请进来，走出去，来一次华丽的转型升级，雅安已精准发力，亮剑出鞘。在中国的台湾、香港、澳门，在国际舞台上，蒙顶山茶闪亮登场，努力借助"一带一路"走出去辐射中西亚和东欧市场的茶叶销售网络；在日本、韩国、美国、俄罗斯、泰国、蒙古等国，雅安藏茶声名鹊起，以特有的唯一性、神秘性和典藏性，掀起品鉴热，让世界刮目相看；在印度、新加坡、马来西亚，雅安的茶技师们手提铜壶，以"龙行十八式"的绝招，向世人展示着蒙顶山茶的魅力。

2018年的夏天，蒙顶山茶捷报频传：

国家茶叶产品质量监督检验中心（四川）投入使用；四川蒙顶山茶叶有限公司和四川雅安西康藏茶集团有限责任公司两家国有龙头企业成功组建；蒙顶山茶叶交易所与前海天府酒类交易中心实现合作；蒙顶山茶品牌联盟宣告成立，蒙顶山茶区域品牌评估价值达17.44亿元；获百年世博中国名茶金奖；多营藏茶城对外开放；雅安茶厂的藏茶被台北"故宫博物院"永久珍藏；百公里百万亩茶产业生态文化旅游经济走廊稳步推进，蒙顶山5A级旅游景区创建迈上台阶，茶产业与文化旅游业深度融合；雅茶产业发展风生水起、欣欣向荣。雅茶在川茶产业中已占据不可小觑的位置，全市茶园面积已占全省四分之一，产量占三分之一，综合产值占三分之一。

自古天府出好茶，蜀地名茶推蒙顶。重振川茶雄风、打造千亿产业，让川茶出川，是四川全省上下不约而同的呐喊。川茶复兴的集结号已经吹响，担当历史重任，雅安责无旁贷，雅安无路可退。在中共四川省委和省政府的高度重视与倾力支持下，蒙顶山茶一定能穿越唐、宋、元、明、清五朝贡茗的厚重历史，搭载"一带一路"东风扬帆起航，驶向更远的目标，成为川茶复兴路上的风向标、排头兵和领航员。

寻根中国梦，复兴雅安茶。强农业、富农民、美农村，雅安正践行着蒙顶山茶的"中国梦"。让蒙顶山茶走向世界，让世界认识蒙顶山茶，蒙顶山茶"卖中国、卖世界"，雅安的未来将不再是梦。

昔日的蒙顶山茶已经书写了一段传奇，坚信在不远的将来，她还将浓墨重彩续写下一阕辉煌……

蜀中无二：
天全县境内的川藏茶马古道

■孙状云

我们决定去雅安境内的川藏茶马古道走走，去荥经，去康定，是我们最早设计的路线。我们知道，雅安藏茶输往藏区的茶马古道，是背夫艰难行走出的一条生命之路，历史的路一定在那边，消失在历史风雨中的故事一定也在！雅安茶产业办的陈开义老师说，去天全。

在我们的印象中，茶马古道，有成群背驮茶篓的马帮或背夫，它是一条崎岖不平的山路、丛林、石阶、拐子窝、马蹄印……印象中历史留存下来可作景观的古迹并不多，一些故事也都是凭借追溯而来的文字。

在天全县境内还保留着完好的川藏茶马古道的历史遗存。甘溪坡，应该是背夫从雅安天全出发去康定的第一个用来歇脚的驿站，是明代的建筑群。

从甘溪坡茶马古道陈列馆里出来，负重的心灵，似乎还能听见遥远的历史风雨中传来背夫前行沉重的脚步声，拐子钉敲打石阶桥的叮当声。这是二郎山的脚下，此去那个目的地还

关山重重、遥遥无期，歇息一下吧，这是一路久违的山寨，她成为马帮或背夫的驿站。甘溪村中那一段段青石板驿道上到处可见一个个深凹的拐子窝，传说是一代又一代背夫手中的拐杖锉磨而成的。据说一个强壮的背夫，最多可背22篓茶包，每个茶包18斤，近400斤的负重。背夫中也有妇女，怀抱孩子、肩背茶篓的场景，那一份历史的凝重将最早的那种彷徨状的幸福幡然为敬畏：有一种生活，你无可选择，但选择了就必须前行！重走茶马古道的诗与远方，绝对是个伪命题。很多人没有经历过苦难，走一走茶马古道，体会一下生活乃至生命的艰难与不堪，这何尝不是一种思索人生的茶修？

这绝对不是世外的桃源，这是人生负荷前行的加油站。

与甘溪坡正在筹划建设茶马古道小镇有所不同，紫石关已经初步建成了川藏茶马古道驿站旅游项目，由农舍改成的民宿正迎来一拨拨自驾游和茶马古道主题游的游客。

紫石关，是天全去康定的第二个驿站。村口紫石关的牌楼应该是新建的，主题公园里那一尊"背夫背茶"的雕塑在很多地方见过了，这几乎是茶马古道或雅安藏茶的符号与标记了。那一座蜀中无二的古城墙和牌楼，应该是历史留下来的，城墙前那天德茶炕，是清代遗留下来的，当年背夫们用它作为复火烘焙茶叶的设施。一路走来，背负的茶叶或经历过风雨受潮了，人也需要休整一下，趁机将背负的茶叶整理一下，烘干保质，不辱初心与使命。

这是我们看到最完整也是最能反映茶马古道历史的实物证据。文物价值非凡，没有在乡村旅游大兴土木的建设中破坏其历史韵味，实

是难能可贵。这不仅是蜀中无二，也是中国无二、世界无二的茶马古道的历史遗存啊！

此地与康定茶马交易的集散地甚远，与藏区亦很远，与雅安市区新建的藏茶村、藏茶城也远。但我们坚信，迟早有一天，天全县境内的茶马古道驿站，将会连接两端显示出别无他处的珍贵的历史文物价值。这是一条精神的朝圣之路，生命生生不息，任何的艰难险阻，只要以坚定的步履前行，希望的目标是可期的！想想背夫那种勇往直前的精神，生活在百般美好中的我们，有什么不可直面人生呢？这也可以视作雅安藏茶文化的精髓！

茶中故旧是蒙山

■张凌锋

听说蒙顶山上有十二株古银杏树，秋来叶落，金色铺满茶神庙殿前广场，那意境是深邃而又悠远的，那是来自两千多年前的历史遗韵。

听说蒙顶山上有七株吴理真手植茶树，冬来叶绿，生机盎然，在皇茶园内坐看风起云涌，那画面是如此的令人动容，那也是来自两千多年前的历史叩问与解答。

当一切听说化为揭幕的那一刻，兴奋得难以言说。我终于见到了那幅天下闻名的茶联："扬子江心水，蒙山顶上茶"。那是多少人心中的精神依存。如果说茶文化的细分在中国各地，那么她的中心一定是在四川，在雅安，在蒙顶山。

在四川，自古就有"峨眉天下秀，青城天下幽，蒙顶天下雅"之说，可能是因为蒙顶山兼有峨眉的"秀雅"、青城的"幽雅"，还有历史久远的"典雅"，寓茶文化、宗教文化、诗歌文化为一体的"文雅""高雅"吧。

蒙顶山与峨眉山、青城山齐名，都是四川省历史文化名山，都盛产名茶，儒家、释家、道家文化影响深远。峨眉山以佛教文化著称，可以说是一座"佛山"；青城山以道教文化著称，可以叫"道山";蒙顶山则以茶文化著称,是一座茶文化的圣山。

就是这座文化圣山,终于推开了我向往已久的心扉,此刻,登临便是朝圣,俯仰即成膜拜。

正当我们行到蒙山山门前,飘起了 2019 年属于蒙山的第一场雪,云海茫茫,白雪飘飘,蒙山似乎用她最珍贵的当季景色迎接这一批虔诚的朝圣信徒。

雪越下越大,我们也就失去了银杏铺满地的秋景,深邃而悠远的意象在大雪纷飞中成了一个遗憾。失之东隅,收之桑榆,起码我们还有茶可以寄托,可以品味,可以聊以慰藉。

蒙山者,沐也,雨露蒙沐,故名蒙山。

随行的雅安市名山区茶办主任钟国林告诉我们,相传女娲炼五彩石以补苍天,补至蒙山上空,元气耗尽,身融大地,手化五峰,留一漏斗,甘露常沥。故有"雅州天漏,中心蒙山"之说。这也就解释了山门"蒙顶"二字的笔画不当之处。

传说终究是传说,那是蒙山的神秘,如果没有女娲,我相信蒙山依旧是蒙山,是天选之地、甘露之源。

因为蒙山遇到了她的知音：吴理真。

公元前53年，邑人吴理真在蒙顶山发现野生茶的药用功能，于是在蒙顶山五峰之间的一块凹地上，种下七株茶树，成为世界上有文字记载的人工种植茶树的第一人，开人工种茶的先河，被后人尊为"茶祖"和"甘露大师"。从他开始，蒙顶山以"仙茶"泽福百姓，以"贡茶"享誉全国，以"边茶"缘结世界。世界茶文化灿烂的文明，由他翻开第一页。蒙山人工植茶成功之后，蒙山茶历经东汉、三国两晋南北朝，繁育、扩展到蒙山全境，后逐渐向各地传播。西汉末年起，茶成为寺僧、皇室和贵族的高级饮料，到三国时，宫廷饮茶更为经常。唐代，蒙山茶已发展到相当大的规模，品质和数量都超过了其他地区，在中国享有很高的声誉。宋孝宗在淳熙十三年(1186)封吴理真为"甘露普惠妙济大师"。蜀学大师、蜀中著名书法家、清末名山人吴之英曾写过一首《煮茶》诗歌："嫩绿蒙茶发散枝，竟同当日始栽时。自来有用根无用，家里神仙是祖师。"

吴理真蒙顶种茶，至今尚存有古蒙泉、皇茶园、甘露石室等古迹。其中古蒙泉与山东趵突泉齐名，堪比天下第一泉。这里是吴理真种茶时汲水处，名山县志载："井内斗水，雨不盈、旱不涸，口盖之以石，取此井水烹茶则有异香。"此外，蒙顶山最大的寺庙——天盖寺，供奉着植茶茶祖吴理真。传说天盖寺是吴理真结庐种茶的地方。

关于吴理真年代的真相虽然是模糊不清的，但后人无法磨灭他作为"茶神"的伟大功绩。"茶神"的名号在那里，我们一味地纠结他的出生时期只会显得我们渺小，因为你无法

古蒙泉

蒙茶仙姑

皇茶园

蒙顶石屋

否认这两千多年的生生不息的茶文化历史。以小我注入历史洪流，你我都是沧海一粟，纠结与否，断代总结，都无法抹去那个熠熠生辉的形象。吴理真不一定是圣人，但他当年的举动成就了如今的"圣山蒙顶"，我们是不能也不敢忘却的。

当你置身在云山雾海的五峰谷内，你只会赞叹吴理真的选址是多么正确：温暖湿润，阳崖阴林，成就了"两年不枯不长，叶细而长，味甘而清，色黄而碧，酌杯中香云幂覆其上，久凝不散"的七株蒙顶山茶，也成就了蒙顶山的历史地位。

发源于蒙顶山的茶文化深刻影响了全世界。

蒙顶山——世界茶文化发源地，蒙顶山茶文化是中国的，也是世界的、全人类的。

蒙顶山——世界茶文明发祥地，蒙顶山茶文化是人类共有共享的文明成果。

蒙顶山——世界茶文化圣山，世界茶人"寻根"和"朝圣"的神往地。

这是来自 2004 年第八届国际茶文化研讨会《世界茶文化蒙顶山宣言》的共识。

蒙顶山以其独一无二的历史、文化、精神向全世界诠释着什么是茶文化的圣山。

当蒙泉井的井水不再接送羌江的龙女；

当甘露石室的石床不再有人休栖；

当皇茶园的茶树得到专门的保护。

茶凝结了历史，以遗迹的方式再述曾经的风云变幻。但我们心中永远有个位置是用来摆放这座圣山的，因为像一位老朋友，越深入越觉涵养与人相契，是曰——

茶中故旧是蒙山。

蒙顶山的遗珠：蒙顶黄芽

■钟国林

全国茶叶行业经过十多年来突飞猛进的大发展，近年来出现了供需矛盾日益突出、行业库存逐年增加、各种成本不断攀升、竞争压力越来越大的情况。蒙顶山茶产业受到省内外同行业的严重挑战，加之名山茶叶从面积、产量到生产加工能力已趋饱和，生产主要品种同质化日趋严重，急需一类代表性产品转型升级，以可行可靠的经营模式突出重围，开拓蒙顶山茶产业的新局面和实现重生。

蒙顶山黄芽属黄茶类，产于四川省雅安市名山区蒙顶山地理标志产品区。该茶产生于唐代，又名露芽、谷芽、石花、露锭芽，明代正式命名，一直传承至今，是蒙顶山茶和中国黄茶类的杰出代表。

蒙顶山是世界上最古老的茶区之一。唐《国史补》中记有"茶之名品，蒙山之露芽"。宋代文彦博、苏轼、文同曾作诗赞誉。唐代的蒙顶石花是贡茶，加工成片（饼）、小方，即龙团凤饼。唐宋时期，高档的蒙顶山茶多加工成团饼形状，毛文锡《茶谱》有"其茶如蒙顶制饼茶法"，北宋《石林燕语》有"自定遂为岁贡蒙顶团茶……适与福州茶饼相类"。陆羽《茶经》记载"若茶之至嫩者，蒸罢热捣，叶烂而芽笋存焉"，即蒸青后的茶叶趁温热捣碎叶制

成饼然后干燥，有时为了使饼成形不散，还加水复火再干燥，同闷黄的工序，因此与蒙顶黄芽的闷黄工艺具有很明显的传承关联性。

黄芽最早见于毛文锡《茶谱》"临邛数邑，茶有火前、火后、嫩叶、黄芽号"，是借用道家炼丹以铅华为黄芽，铅外表黑，内怀金华。传统工艺的黄芽外褐黑色，内金黄色，取内藏金华，茶之精之义也。蒙顶黄芽名称正式形成是在明代，《群芳谱》云："雅州蒙山有露芽、谷芽，皆云火者，言采造禁火之前也。"明代的炒青散芽茶露芽、谷芽，其前身是唐代的饼茶、压膏露芽、不压膏露芽。《本草纲目》集解中载："昔贤所称，大约谓唐人尚茶，茶品益众，有雅州之蒙顶石花，露鋑芽、谷芽为第一。"露芽、谷芽即为后来的黄芽，在明、清及近代成为最具代表性的茶品。清代《名山县志》载蒙山茶："色黄而碧，味甘而清，酌杯中香气幂幂，经久不散。"此描述与传统蒙顶黄芽具有相一致的特征。

目前，名山区有黄芽加工企业11家，加工作坊及手工制茶人8家，年生产加工黄茶近20吨，产值约3000万元。名山企业依托四川农业大学、四川省茶科所以及四川省茶叶流通协会，成立蒙顶山黄茶研究所，聘请相关专家进行研究指导，主要企业每年生产量150千克-500千克。2010年后，进行蒙顶山黄小茶、黄大茶的开发，其中，四川蒙顶皇茶有限公司、四川川黄茶业有限公司还进行系列化生产，开发出万春黄茶、玉叶黄茶及饼茶，并简化制作工艺，部分利用机械批量生产，力争在保持风味的基础上于外形和色泽上有所提升。

蒙顶黄芽的优势与劣势

优势：

（1）**品质优。**蒙顶山黄芽是名山区独有的产品，因季节性强、选料精细、工艺复杂，产量极少，为世独珍。它不仅具有优良的品质、得天独厚的自然条件，而且制作工艺精良，是名山人民的智慧创造，是中华茶文明的传统瑰宝。

（2）**特色明。**蒙顶山黄芽为轻发酵类茶，在总结古代传统制作过程中，利用杀青后的余热、水湿"闷黄""包黄"工艺，使儿茶素及其他成分发生轻度氧化、缩合或水解而引起黄变，并促进黄茶香气的形成，具有香气清甜、滋味鲜甜爽口和黄汤、黄叶的基本特征。黄茶可长期贮藏，保质可达5—8年。

（3）**地域强。**据四川农业大学、国家茶检中心（四川）研发中心、国家茶叶质量检验中心检测，蒙顶黄芽的内含成分中水浸出物、茶多酚、可溶性糖、咖啡碱、游离氨基酸和香气成分，均高于对照组其他产区黄茶及本产区对照组绿茶。

（4）**名气大。**1993年，蒙顶黄芽获泰国曼谷中国优质农产品展览会金奖，1995年在第二届中国农业博览会上获银奖，1997年第三届中国农业博览会上被认定为"名牌产品"，2000年获成都国际茶叶博览会银奖，2001年被中国（北京）国际农业博览会评为名牌产品，2007年入选迎奥运五环茶战略合作高层研讨会代表黄色环。蒙顶黄芽与蒙顶甘露、蒙顶石花等产品一起获"百年世博中国名茶金奖"中国十大区域公用品牌等荣誉。名山茶企制做的黄芽多次获国内国际重要奖项。2017年蒙顶黄芽入选

中国茶叶博物馆茶萃厅。

(5) **潜力大**。目前,在其他几大茶占据一定市场份额的基础上,部分消费者对黄茶消费意愿增强。蒙顶山黄茶是我国黄茶类的优秀代表性品种,从湖南、安徽到四川等黄茶主产地都认准黄茶是下一个市场热点,都在重点推广,同时成立黄茶联盟共同打造品牌。

劣势:

(1) **产量过低**。受地域、品种、季节、生产标准限制,蒙顶山黄芽产量太少,只能供应少部分高端消费者和业内人士。广大消费者只闻其名难见真容。

(2) **技术太强**。"闷黄"工艺程序多,水分温度等要求严,加工成形时间长,有一个环节没把握好则前功尽弃。

(3) **标准混乱**。在制作中存在闷黄环节时间减少,甚至炒黄的绿茶充黄芽等。

(4) **认识太低**。黄茶类作为小众茶,多数业内人士还不很熟悉,绝大多数消费者更不了解、不认识、没品过。

(5) **产品不配套,价格无梯度**。蒙顶山黄芽属黄芽茶,量少价高,缺少配套的系列品种与价格梯度,曲高和寡,很难引起市场的重视与热销。

传统是蒙顶山茶生存之根,创新是蒙顶山茶发展之魂,唯有创新才能在当前的茶叶经济环境下生存,只有生存才谈得上发展。中国茶叶众多,绿茶、青茶、红茶大部分已经相当稳定,黑茶和白茶之间还有余热,有资料称库存量已达 200 万吨,市场潜力有限。唯有黄茶还待字闺中,具备了异军突起潜力和市场资源动员能力。蒙顶山甘露茶是名山茶叶的当家品类,产量巨大,经过多年的宣传推广,在市场上有一定的知名度和市场占有率,但存在价格偏低、品牌率低、产品特征不明显、质量差异大等问题,常被误认为碧螺春,竞争力和影响力提高较慢。蒙顶山黄茶在当前及今后几年内受产品特点的影响,市场期望值较高,做出特色、差异化发展正当其时。产品质量的优良与产品本身与众不同的风格,易使茶叶企业及茶技师发挥生产技术优势,产品易形成质量梯级,价格也易拉开差距,加工企业与批发商有很大的操作空间,而经销商更有很大的利润空间。因此,蒙顶山黄茶就能成为类似西湖龙井、武夷山岩茶、普洱茶和安溪铁观音等品类茶,加工有卖点、产品有特点、推广空间大、经销利润高,形成生产经营和推广红红火火局面。

发展策略

(1) **多方合作,定位清晰**。以农业局(茶办、茶业局)为主导,工商与质监局、经信局等及茶业协会组织主要企业建立黄茶研究推广中心,依托川农大、省茶研所等技术支持,开展蒙顶山黄茶的研制与开发,将蒙顶山黄芽"黄韵蜜香"的特点充分发挥,将黄茶特有的功效作明确的鉴定。

(2) **确定黄茶茶树品种**。黄芽生产品种有老川茶、蒙山九号、名山 131 等。在蒙顶山地标区域内,以海拔 800 米以上茶园为主,最好选择山地种植,并以施用农家肥或有机肥为主;同时开展蒙顶山黄茶品种的选育培育工作。

(3) **制定黄茶系列标准**。蒙顶山黄茶加工工艺中必须有闷黄环节,茶品必须三黄,且甜香无苦涩味。品质由高到低包括黄芽、黄小茶、

物联信息平台
名山茶产业

黄大茶、饼茶（团茶）等，以《蒙山茶》国家标准黄芽为基础，制定黄小茶、黄大茶地方标准：黄小茶一芽一叶至一芽二叶，黄大茶及饼茶一芽二叶以上。对传统制作与新技术制作持包容态度，将手工和半手工茶命名为传统工艺黄茶，简称传统黄茶；将机械化生产（木桶发酵）等称为新工艺黄茶；将前一年的绿茶进行回润发酵的称为再加工黄茶；将黄金芽、川黄等黄叶类茶树品种按绿茶、白茶等加工工艺生产出的茶称为黄叶茶；将绿茶炒烘至谷黄、牙黄等黄色的还是归为绿茶。

（4）挖掘整理黄茶文化。黄茶的相关文献资料与挖掘整理都还欠缺，需要从历史发展演变、加工生产技艺、诗词文学、故事传说等进行挖掘，更需要编撰成历史故事和影视小说进行传播。

（5）培训黄茶制作技艺。选择蒙顶山茶授权使用企业及认定的手工加工坊人员进行培训，掌握制作技艺标准。由茶业协会牵头，区农业农村局、人事劳动局、经信局监督，对生产黄茶的技术人员进行专业技能评定，评定级别分别为蒙顶山黄茶制作大师、蒙顶山黄茶制作高级师、蒙顶山黄茶制作师。

（6）确定黄茶系列价格。传统手工蒙顶山黄芽参考起价为10000元/千克，蒙顶山黄小茶（含黄茶饼）为5000元/千克，蒙顶山黄大茶为500元/千克，机械半机械制作的黄茶可减半执行。由蒙顶山黄茶制作师制作的同品种茶可增加价格0.25倍以上，由蒙顶山黄茶制作高级师制作的同品种茶可增加价格0.5倍以上，由蒙顶山黄茶制作大师制作的同品类茶可增加价格1倍以上。批发给外地商家和门市经营可以三至五折折扣。

（7）发挥黄茶联盟作用。由企业加工作坊组成黄茶联盟，并建立价格联盟，严格执行质量标准和价格标准，严厉打击违反联盟《章程》的行为。茶业协会对联盟企业和作坊认定后授予"蒙顶山黄芽"地理标志使用，对联盟外的企业和作坊不发防伪商标与产品认证资格。规范包装品及标志，打击违规生产经营。

（8）开展宣传销售推广。将黄茶宣传口号"千年皇茶，黄韵蜜香"通过各种渠道进行定位与宣传；争取中国茶叶流通协会或中国茶叶学会授予名山"中国黄茶之源""中国黄茶之乡"称号；结合每年举办的蒙顶山茶文化旅游节及参加省内外茶博会等各种茶事活动展开宣传。将黄茶企业在会展中及广告上大事宣传，通过召开鉴赏会、新闻发布会、文化研讨会以及参加国内外如中茶杯等主要名优茶评比活动，将黄茶的品鉴销售推向活动高潮。在网络和主要茶市、茶馆、茶楼及蒙顶山茶销售门市挂牌销售，对挂牌销售者实施以奖代补，方便消费者购买。

（9）**严格产品质量。**从品种、茶园到加工生产均按绿色和有机标准进行，不合格产品绝不出厂上市。

（10）**培育黄茶龙头企业。**在现有黄茶生产企业中筛选培育最具实力和发展潜力的企业，大力增强其加工技术、品牌打造和市场开拓及现代企业管理能力，形成蒙顶山黄茶产业发展旗舰。

（11）**将黄茶发展纳入政府年度计划，并将任务、目标和责任确定为部门考核内容。**在茶叶发展中把黄茶发展列为专项。促进蒙顶山黄茶工艺研发、品种选育、技术培训、品牌推广、市场营销、人才培养、文化挖掘宣传等工作。

（12）**产地联合共推市。**加强与全国黄茶联盟合作，协调与湖南君山、安徽霍山、浙江平阳等黄茶产地的行动，共同推做一道菜、共做一市场、共建新平台、共拓新领域。

我也爱普洱
——西双版纳的古茶山之旅

■孙状云 谢 明

(一)

回来啦!

我们以那一份兴奋与那一份源自茶的感动向茶友们报告,一起邀来普洱茶的超级粉丝们开泡那一款款从普洱茶的原产地带回的神奇茶品,多少年来一直追寻与期待的山头纯料古树茶!

西双版纳的古茶山之旅,是应西双版纳州发展生物产业办公室邀请而进行的特别采访。征程上千千米,由东面的茶马古道源头易武,到西边的勐海普洱茶圣地;从古六大茶山的倚邦、革登、莽枝到易武茶山,由麻黑、大漆树,再迁回到勐海茶区的南糯山、贺开、老班章村,带回了上千幅照片,带回了难忘的记忆。

一座座古茶山、一片片古茶园、一棵棵大茶树、一个个山寨,蓝天、白云、古树、丛林、山寨、小镇,一切犹在眼前。到过无数的茶区,没有一个地方像云南的古茶山那样让人思绪万千,超越时空,让我们一次又一次地在一

片片古茶林里，止步寻觅。没有太多文字记载的少数民族村寨村落，没有刻意建造的景点让人瞻仰，我们知道那些遗落在寨边村头甚至密林深处的每一棵古茶树，一定都有一段值得追溯的历史故事，每一株古茶树的年轮里，都隐藏着人世间的兴衰。历史是如此的厚重，几百年，甚至上千年，每一棵茶树几乎可以成为活着的文物，向人们诉说着过去与未来。

当地的人，也许是见多不怪了。那一片片的古茶园就这样散落在路边，或丛林之中，不需要什么管理，年复一年，春天里长出新芽，人们攀枝登树或搬来梯子去采摘新长出的芽叶，这一棵棵古老的茶树，无疑便是当地山民的摇钱树。

沧桑的老树枝干，与不远处古风犹存的山寨遥相呼应。阳光暖暖地倾泻在初春的林间，少有游人的山涧，清寂得能听见微风吹动树梢的声音，时不时传来不远处村落一两声鸡鸣之声。就这样一帘幽梦在每一个春天的采茶日里被惊醒，醒来时不知今在何处，伊为何人。

（二）

如众多喜欢茶的茶友一样，几乎是以一种朝圣的心情开始这一段又一段寻茶之旅的。爱普洱，那些盛产普洱茶的一座座名山，在我们的心里都是圣山。

当象明乡的罗建平乡长告诉我们说，古六大茶山其中有四大茶山在象明乡时，"象明"这个名不见经传的地名，便让我们肃然起敬。当罗乡长告诉我们第一站要去的地方是倚邦的时候，我们内心的激动无以言表。没有到过倚邦，但看过不少关于倚邦的照片；没有到过倚邦，但听说过倚邦曹家土司主政六大茶山造就300年茶事兴旺的故事，这是普洱茶文化的发祥地，也是普洱茶文化的后花园。一个倚邦便是整部明清近代普洱茶史的精彩华章。

还没有到采茶的季节，位处山顶的倚邦老街显得异样的安静。安静得有些落寞。衰落、破败，透露着凄凉。尘土飞扬的老街是刻意在诉说着她沦落了的沧桑吗？曾经的繁华留在那一条青石板铺就的老街上，望云天与青山相接的倚邦老街就像是武侠小说中一个驿站的场景。江湖不在了，侠客又在何处？马帮的驼铃似从不远处传来。想象着这么个远离都市、显得相对偏僻的大山山脊是怎样聚集1000户人家，又如何造就沿街店铺林立、商贾马帮车水马龙的曾经繁华，如此的山岗又怎容得下这样的热闹与繁华呢？

在普洱的历史上，在倚邦的历史上有一个人的名字必须记住：曹当斋。他开创倚邦曹氏土司世袭制，从清雍正七年（1729）就开始统管六大茶山中的攸乐、革登、倚邦、莽枝、蛮砖五大茶山，是他成就了倚邦成为普洱茶六大茶山贸易中心重镇。曹氏土司沿袭近三百年，也造就了普洱茶近三百年的繁荣与辉煌。

不能不说说倚邦的普洱贡茶历史：据《普洱府志》记载，从雍正十一年（1733）开始，普洱茶由倚邦土司负责采办，倚邦的曼松茶被指定为皇帝的专用茶。出自曼松的"金瓜贡茶"在北京故宫博物院里还保存着实物样。

乾隆皇帝两次亲颁敕命给倚邦土司，光绪皇帝两次赐金匾给茶山的茶号，分别是"瑞贡天朝""永远遵守""福庇西南"。我们在倚邦老街邻街的一户农户家里，见到了"永远遵守""福庇西南"两块碑匾，这些是当年的文物遗存吗？

陪同的罗乡长没有告诉我们。

罗乡长也没有带我们去倚邦的村公所小坐一会，他没有介绍那里是当年曹家大院的遗址。曹文斋的坟墓也在不远处的某个山间，陪同的人都没有提及，所以我们只好心中默默地祭奠着这样一位足以让茶人们顶礼膜拜的"普洱茶祖"了。

怎么来看倚邦？

在罗乡长及当地人看来，倚邦只是行政上的一个村落，而在我们的心里，在众多茶人的心里，这是一处别无他比的圣地。

历史留给我们太多的东西，而我们留给历史什么呢？

在普洱茶又盛传天下的当下，对倚邦这样

一处历史文化圣地，在我们看来，无论是当地的政府还是当地的人们都是有愧于它的盛名的，他们不该"默然"于这样的一处圣地。

这一份失落与失望，相信凡到过倚邦的茶友都会有。

倚邦的古街在那里，随处可见的历史遗迹在那里，被炒作得沸沸扬扬的茶马古道，源头在这里啊！马帮已去，在那一块块青石路上寻觅过去商贾留下的足迹，举目可见的一处又一处几乎可视作文物的石碑、石刻、瓦当，就这样随意散落在路边、村头、地脚。那一只石雕狮子本来是一对的，原先应该是摆在曹家大院

或者某个富商小院的门前的，如今孤独地依偎在街旁，冷眼看那些慕名而来的茶友，以一份淡定，恍如在说：世道沧桑，一切在变，过去是过去，现在是现在，将来是将来。

接下来去革登、莽枝。

倚邦已如此，对接下来的古六大茶山的其他景点与遗存还能有什么奢望呢？

茶山在那边，村落在那边。

不是茶季，接踵而来的一处处茶山，我们像是闯入者，早春的新芽已经萌发，过去的冬天，你过得好吗？问茶树，茶树不语。

在沿途的茶山里停留，不知名的山花正烂漫开放着。一枝、二枝、三枝……究竟有多少棵古茶树你根本数不过来，找到了一棵大茶树，正兴奋时，那边又传来呼唤，说找到了一棵更长树龄的茶树。当地人对这些古茶树司空见惯了，他们把它们叫古茶树，也有年份在800年甚至上千年的，他们才将它们称为千年古茶树。林间也有最近一二十年才栽种的茶树，他们习惯叫台地茶。台地茶的价格只有古茶树的一半还不到。

春茶的季节，茶商们来茶山收茶，当地的茶农一般都是将鲜叶采了来做成晒青毛茶卖原料。古六大山的茶被普洱茶的发烧友们追捧到了奇货可居的地步，纯料的山头古茶树价格年年看涨。茶农们不会像玩茶友们那样藏茶，农户们喝的都是老叶黄片，用大茶壶煮了喝。

一路走来，还没有喝过古六大茶山的茶呢。

（三）

这一个心愿终于在象明乡政府所在地了却了。

声名如日中天的古六大茶山，并没有为象明培育出龙头企业甚至像模像样的茶庄。

在茶商张云春家里，喝到了1997年的蛮砖原料茶，他又赠送了一盒曼松茶给我们，还有2005年的蛮砖茶。

虔诚在每个人的心里，那一份对普洱茶的欢喜心，各人的表达各有不同，普洱茶的神奇与魅力就在于它千变万化的细微之处。玩山头，可以细到某个山头哪块茶地，哪片树林，哪家字号，谁人手法，再细分到哪年制作，它可以追溯过去，也可以期待未来。

在象明乡李文德家，那一块由老一辈传承下来的普洱茶砖，虽然压制的年份是1962年，但屈指算来，也有半个世纪的历史了。据主人介绍，它是用最纯真的蛮砖原料压制的。这也可以算得上文物了。

（四）

到达易武这个边陲小镇时，天色已晚。

小小勐腊县，大大易武茶。通过事先做的功课我们知道，象明和易武同属于勐腊县。就全国而言，很多茶人不一定知道勐腊县，不一定知道象明乡，但一定知道易武这个地方。思茅改称普洱市了，勐腊也可以改成易武县了，同行的谁调侃说。

易武的名气是与古六大茶山连在一起的，它是滇藏茶马古道的起点，它是历史上普洱茶交易的集散地。掀开厚重的历史文化，云南的普洱茶就市场影响而言，易武板块足以与勐海、普洱市构成三足鼎立的局面。易武茶以出古六大茶山的纯料茶而被普洱发烧友们广为追逐。

过去说宋聘为皇、同庆为后，现下有茶友说班章为皇，易武为后，易武人有些不愿意。老班章茶名气再大，又怎么与易武的历史、文化及产业相提并论呢？

一路驾车陪同的薛宏忠先生原是易武乡的乡长，他于1997年到易武乡任乡长，那是普洱茶由疯狂炒作到跌入低谷的非常时期，薛宏忠先生为重塑易武茶的辉煌，可说是立下了汗马功劳。当时，许多人心气浮躁，茶商浮躁，茶农也浮躁，薛乡长"从源头把关，山寨自律"的施政方针，使易武茶在保持传统六大茶品质风味的基础上，又独创了易武茶品质纯真、口感甘醇、浓香显著的特色。

据易武乡党委书记杨军介绍，易武现有1.8万亩古茶树，4.2万亩台地茶，易武乡正准备打

造"中国贡茶第一镇"。

作为打造一个商号的品牌，贡茶也许会是最好的背书。但是，文化品牌早已不是行政区域概念。代表普洱茶发祥地文化，且具有囊括古六大茶区优质顶级茶品板块产区的易武，如果仅仅定位于"贡茶第一镇"，是做小了概念。它与浙江长兴的大唐贡茶院不同，长兴的顾诸山有历史的遗存古迹可以复原，易武没有皇家贡茶院，只有历史留下的商号：同庆号、福元昌、同兴号等，历史上有名的茶号皆出自易武，这才是易武真正的文化宝藏。当今的社会没有了"贡茶"之说，只盛行品牌。振兴老字号，做足茶马古道及古六大茶区山的文章，吸引各地茶商茶人来易武看茶、买茶，把易武打造成集茶文化旅游与纯料普洱茶交易、加工集散于一体的"普洱茶圣地之旅风情小镇"，也许更好些。

皇帝御赐的那块"瑞贡天朝"的匾，的确是易武的文化招牌，但复原福元昌、同兴号等老茶庄遗迹，让更多慕名来易武的人有个品茶去处，更能演绎易武的茶乡本色。

有一首歌《茶马古道易武山》是专门为易武而写的：

七村八寨连着连着易那武山，青石板铺的路曲曲弯弯。千匹马驮万担茶跋涉艰难啊！茶马古道从这里走向远方。云漫漫、雾茫茫，云雾深处茶飘香，悠悠岁月、古道沧桑，仿佛听得见驮马铃声响……

说得太好了，有朋自远方来，不亦乐乎！相信来易武的人，都是为了茶，在小镇里住下来，晚上有个真正品茶论道的地方，易武的老街、古镇无疑是最好的地方。当经营铁观音的人们把他们的工厂都建成了庄园，易武那些有名气

的村落山寨，又何尝不可以在这个历史上便是商贾云集、茶号品牌林立的易武古镇上建一个有着茶庄功能的会所呢？第二天带客人沿那条青石板铺就的弯弯曲曲的茶马古道，去云雾深处飘着茶香的七村八寨看茶、品茶、买茶。从易武来，归易武去，易武是普洱茶友心灵的驿站。

（五）

创造了老班章奇迹的陈升茶厂接手了易武的老字号"福元昌"，"福元昌"正被复制原貌兴建。

古镇已进驻了一些茶庄，灵植翔茶庄的许爱萍女士为我们开泡了新做的春茶。这也是我们喝到的第一杯新茶。当我们说要去麻黑时，陈升茶厂的魏茂益副总和灵植翔茶庄的许爱萍女士说要一同前往，这一趟寻茶之旅终于有了些感觉，爱茶的、玩茶的，我们一起为茶而沉醉。

因时间的关系，去不成刮风寨、高山寨有些遗憾。热爱普洱的人都知道，易武茶中的麻黑、刮风寨、高山寨、曼撒等地的茶品，款款神奇。

看过麻黑落水洞的茶树王，便去麻黑村委会主任何天强家品茶，杨军书记一路陪同着，还请来了刮风寨的村主任和书记，茶由许爱萍女士主泡。

把何总私藏的一款款好茶都拿过来泡，算是上了一堂麻黑、刮风寨茶的普及课。

（六）

第三天，去贺开和老班章村。

看老班章，是我们执意要去的。

这么喜欢班章，又怎能不去老班章呢？

普洱茶由历史的普洱，到产业的普洱，再到科技的普洱，接下来的时代是人文的普洱。人文的普洱，以茶乡旅游、文化体验为主要特征。事实上去云南采茶、寻茶的茶乡旅游早已成了云南旅游业的一大特色项目。普洱的发烧友们更喜欢以自驾游的方式，结伴去那些著名的茶山采茶、做茶。据介绍，春节期间，自驾游挤爆景洪市。他们多数是奔版纳的茶而来的。

普洱的发烧友们已不满足于从茶商那里买茶了，都想着尝试做一些有纪念意义的茶饼，或存放或做礼品送人。即使不做茶、不买茶，到普洱茶的原产地去看一看，也是一种多年积聚的情结。

贺开的古茶山是西双版纳最美丽的一座茶山，有着400—500年树龄的古茶树集中成片遍布整个山坡。记得路上的一块广告牌"茶出勐海，迷藏贺开"，迷藏，是的，什么时候，又是什么人迷藏着这一片古树茶园呢？

绿荫尽头是拉祜族少数民族的山寨，保持着古老部落的风貌。茶中有村，村中有茶，想象着坐在拉祜族少数民族寨子的露台上，看着穿着艳丽民族服饰的拉祜族姑娘们如蝴蝶般穿梭大茶树采茶的场景，又是怎样的一道美丽风景呢？

穿梭在古茶园，不由自主地兴奋，拿着相机从四周以360度旋转取景，处处是树干粗壮、叶枝茂盛的古茶树，自然而然你想去触摸，想拥抱，想登攀那些树……最终还是席地而坐，不想走了，坐看白云天。

这是一个世外吗？

在地上，我们意外地发现了许多茶叶籽，这些百年千年古茶树的籽可是极其珍稀的油料资源啊！它们完全可以被加工成顶级的茶叶籽油呢！

捡起一粒又一粒茶叶籽，心里沉甸甸的。

贺开拉祜族少数民族山寨，不少寨子的门前都有大茶树。在贺开小学刘志荣老师的陪同下，我们走进了一户村民家。拉祜族山寨的建筑基本是雷同的，悬空的底楼一般都不住人，楼上的阁楼是一个大通间，没有厨房、卧室、卫生间等功能之房间分隔。家家户户都会在阁楼的一角生一个火塘，在火塘上架起一个铁架，用水壶烧水、用铝锅做饭，甚至围着火炉席地而

睡，过着原始、古朴而简单的生活。除了电视机、冰箱等现代家用电器外，几乎看不到任何如床、衣柜等家具，生活很简朴，但生活得很自在。

简单即是幸福，我们这些城里来的人需要经过多少世事才能领悟出拉祜族这种生活哲学呢？

也许是过惯了闭塞的山寨生活，拉祜族不太善于与外界打交道，贺开茶的价格还不到老班章茶的1/3。

一起陪同的西双版纳报记者刘大江先生也有些为此感到不平。从生态环境和茶园风貌看，贺开的古茶园甚至可以超过老班章村，交通也比老班章便利，贺开的茶，怎么就卖不出一个好价格呢？

（七）

车子停在老班章村头的牌楼前，我们终于到了传说中的老班章的原产地。

都说老班章归来不品茶，这是茶商、茶农、茶友们共同为老班章制造的神话。近年来，普洱茶的发烧友们疯狂追捧老班章，也炒高了老班章的茶价。2000 年才几十元一斤的老班章原料茶，到了 2011 年每斤价格升到了 1500 元甚至超过了 2000 元。当年身为老班章村小学教师的刘志荣老师见证了老班章茶"凤凰"起飞的全过程。

最早的经典之作，应属于何广森兄弟俩用老班章料制作的"大白菜"。2008 年，陈升茶厂进驻老班章村推老班章茶，老班章茶在普洱茶市场声名鹊起，这其中陈升茶厂功不可没。

与这一路到访过的所有山寨不同，老班章村在最近的一两年内发生了翻天覆地的变化，那些哈尼族居住的古老山寨被拆除了，一幢幢小洋房拔地而起，古老的山寨变成了现代化小镇。因为茶使当地的村民富裕了。

茶农杨之林告诉我们，他们家一年的茶收入可达 50 万 -60 万元，花 50 万 -60 万元建一栋楼，很多老班章的村民都盖得起房了。

去村头屋尾的那一片古茶园观看。老班章村的古茶园，其茶树和树龄并不见得与别处的古茶树有多大的不同，老班章村的生态环境，在别处也随处可见。为什么唯独老班章茶能成为茶友们热捧的最贵的顶级茶呢？

天时、地利、人和，还是人的作用。一路所见，所有的古茶园都是处在无人管理的原生态的间作方式，唯独老班章的茶园留有深翻松土的痕迹，这至少说明了老班章人在打理着他们的茶园，也不难推测他们比别的地方的人更注重采摘制作等环节。班章人虽身处大山深处，但这些年来与外界接触多了，村民自身的思想观念、商品意识、文明程度在提高。得益于媒体的宣传，西双版纳报刘大江记者和刘志荣老师都是较早发现老班章新大陆的人。当然如果没有陈升茶厂的介入，很难说老班章一定会有今天的盛名。所以"龙头企业＋基地＋农户"的模式是老班章创立品牌、走出山寨、叫响市场的法宝与利器。其背后便是"茶区党委政府的重视、茶农商品意识及专业技术等素质的提高、龙头企业的带领"这个大"人和"。

如果说老班章茶已形成独特品质风格无法复制的话，那么老班章唱响品牌的市场推广模式是西双版纳古茶山许多人值得学习的地方，尤其是我们乡镇、村寨的领导们该反思一下了：为什么老班章村领跑了古树茶的市场？

（原载于《茶博览》2012 年第 2 期，原题为《西双版纳的古茶山之旅》）

能不去云南?

■风 铃

能不去云南?

能不去云南?

一如同样的命题"能不喝普洱吗?"对于齐兴茶庄的老齐来说,同样是否定的。

每年的茶季来临,云南产区的朋友便会接连不断地来电话,茶芽发了,新茶开采了,鲜叶的行情又如何如何,问,你什么时候动身来云南啊?身边的朋友也会问,老齐,你难道不去云南找茶做茶了吗?我们可是等着你的茶喝呢。

3月23日,老齐清了他所有在金融行业里投资的品种,瞬间由金融投资公司的经理人转变为一个茶人,出现在云南西双版纳的一家旅馆里。

那一天缅甸刚刚发生了地震。这使老齐的夫人格外担忧,每年这么辛苦地去找茶,为了什么啊?很多次听老齐说过找茶的经历,他几乎把整个云南的茶区都走遍了,看过老齐拍回来的一大堆照片,那些地方,不是用一个"偏僻"的词汇就可以形容的,本来的经历就奇险无比,而地震又是平添不少不安全的感觉。她在电话里说,老齐你回来吧!

既然下了这么大的决心,去了,老齐是不可能回来的,他此刻正与他的云南朋友计划着,该去什么地方?五年了,很多山头都已经"玩遍了",做过刮风寨的茶,做过麻黑的饼,到过弯弓大寨,也去过丁家老寨;上过千家寨,爬过布朗山,去过易武,去过班章,到过景迈,驻点普洱市,有时也会在勐海长住,彩云之下,茶无不奇。

弯弓大庙遗址

革登茶王树遗址

丁家寨瑶族群众祭茶

能不去云南？

老齐向关心他的茶友们透露消息，这次玩古六大茶山。

老齐与那些传统的茶商不同，他只是喜欢茶而去找茶，是属于玩家的茶人。这些年他一直玩的是纯料茶，有时以山头为界，有时纯到几棵老树单枞，不求数量，只求他自认为口感质量，不计较价格的高低，只求原料出处的纯真。五年下来，他成了不是专家的专家，喝过老齐家的茶，没有什么标杆可以对照了，只能以老齐家的茶来作为新的标杆。那一年，杭州有玩友做过一款茶，对照老齐家的茶，差距明显在那里，因为那也是一个喜欢茶到极致的玩友，他私下里托别人来买老齐的茶，如果明年再做这款茶，得以老齐的茶为标准。

老齐访茶、找茶，是不问路途，亲自找当地茶友为向导进村驻寨的，向导知道谁家有什么茶树，什么时候采，他们等在寨子里，或者干脆到山上的茶树边去收购青叶。对曼松的茶，即便是玩家，也很少有人能尝到的，农户里不少人是认准了老顾客老朋友才卖的茶。为了圆曼松茶的情结，老齐在云南的朋友花了不少心思，甚至物色了一家农户认其为干爹，通过平时的往来建立感情。这家农户终于答应将其拥有的几棵母树的青叶卖给老齐了，虽然青叶价格不低，非常昂贵，做成干茶也才两斤。老齐兴奋地将刚做成的茶寄回了杭州，清明节那天，在一次茶会上，笔者也有幸品到了这一款得来不易的曼松茶。同样，很难搞到的是困鹿山的茶，这次也被老齐搞到了，玩友们私下给我们传递了消息，说这是现在留存于故宫博物院里"金瓜贡茶"的出产之地。

能不去云南?

本来约好了的，这次随老齐去云南访茶。我还在犹豫计划安排时间，不知不觉，老齐已经回来了，4月28日，他在云南整整待了一个月零五天。

做成的茶饼，也陆陆续续发回来了。这次做的是古六大茶山的茶，攸乐、倚邦、莽枝、蛮砖、革登、曼撒（易武），还有一饮集古六大茶山精华的拼和茶——玩茶云南五周年的纪念饼，正好拼成一个完整的七子饼筒。

五一小长假，老齐的齐兴茶庄挤满了人，是那些茶友们赶着来品老齐带回来的茶，一边品茶，一边听老齐讲在云南访茶的故事。

五年了，老齐几乎将云南著名的茶区跑遍了，也集齐了市面上流行的山头纯料茶，什么茶没有呢？这次圆了曼松茶的梦，虽然没有做成饼，但是喝到了。

都说，普洱的生茶要存放一段时间才能喝，老齐家的生茶，当年就能喝，他说是原料品种的关系，老树老枞茶制成的生茶当年都能喝的，并且口感不错，存放以后有了后发酵，品质会更好。

他说，这次能做齐古六大茶山的茶，完全是蛮砖的那位村主任朋友帮了忙。如果一个个茶山亲自跑，时间怕是来不及，有些地区无亲无故自己去搞，根本搞不到。他说，最难搞到的是革登的茶，去的人太多了。大陆、台湾以及海外玩茶的人成群结伙地往那里赶，没有当地关系，出再高的价格也没有办法搞到。

记得四上刮风寨的经历，那是个与中老边境只有5千米的小山寨。刮风寨的茶与弯弓大寨的茶一样，是众多玩家公认的易武茶系列中的顶尖茶，玩遍了云南没有到刮风寨，就如同没有到千家寨（2700年老茶树王生长的地方）一样，会遗憾无比。老齐早在2008年就想去了，遇到了公路塌方，没有去成。2009年，两次计划着，都没有成行。当地的茶友得知老齐的心愿后说一定帮你圆了这个心愿，想办法找了部越野车，历经千辛万苦到了传说中的刮风寨，那个激动啊，同去的人都大声呼唤：刮风寨，我来了。

其实在刮风寨寨子里是看不到茶的，茶树都在白茶园与茶王树村，要翻山越岭走6—7个小时才能到达。当地人去采茶，是全家出动，背一袋米，带一块腊肉，再带上做青茶用的锅子，在山上杀青、揉捻、晒干，5—6天时间，也才生产3到4千克干茶（晒青）。那一年在刮风寨待了10多天，才收到100多千克原料。

茶树就在石头之间艰难地生长，有茶人给起了个新名叫"石介茶"，只有到过昔归，才能理解其意。

西双版纳州勐海县格朗河额锅爹千年野生茶树

家的茶叶，一直是卖给一位香港老板的。香港老板要求那几户茶农只采春茶，停采夏秋茶，其中停采夏秋茶的损失，由他来承担，已经维持七八年的交易了。2009年那年，由于前两年行情不好，香港老板还欠了那几户农户部分货款。2009年春茶开采了，那位香港老板到高山寨转了转，也没说茶叶要不要，这可急坏了当地的茶农，向导建议老齐把这几户的茶全部收过来，老齐像在古玩市场里捡了漏似的，悉数收了过来。这款茶，成了很多玩友品味高山寨茶的标杆。

其实，在玩纯料山头茶的玩家中，很多人已经把老齐家的茶作为顶级的标杆了，这也是老齐最初的初衷，不管云南多大，不管普洱的江湖多么复杂，茶总是能喝个明白的。

能不去云南？

像是藏家收集藏品宝贝一样，老齐及老齐家的茶友们会将手里的茶一款款品过来，普洱茶的魅力就在于能带给人不断的惊奇：某款当年并不神奇的茶，经过几年的存放，忽然变得神韵无比了。玩友告诉老齐，老齐去他家茶仓库里找，发现只有样品了，后悔没有多留一些。

有些茶是可遇不可求的。老齐对2009年做的一款高山寨的茶津津乐道，难以忘怀。那一年，当地的向导告诉老齐，高山寨有6—7户人

昔归晒茶的女人

探访江南"茶马古道"

■孙状云

这是一个雨天。

我们相约来探访这一条江南的茶马古道。

从日铸岭到平水镇，或是从平水镇到日铸岭，这是又一处足以让茶人们自豪的茶文化圣地。与云南、四川的"茶马古道"不同，它不仅仅是一条古老的运输茶叶之路，它在中国茶文化发展历史上留下了一处又一处里程碑的重大标记。产于绍兴县日铸岭的日铸茶，是中国炒青绿茶的开创者，由日铸茶演变而成的平水珠茶，是迄今为止依然作为出口拳头产品的中国出口绿茶，平水珠茶在国际市场创立的辉煌，以及平水成为我国历史上最早最大的茶叶集散市场，可以说一个绍兴县书写了自北宋以来的半部江南茶史。

手头有一本厚厚的史料，是时任绍兴县林业局高级农艺师金银永先生事先准备好的。我们不想单就历史来叙说历史，而是想依据历史资料的指引，找到那些可以还原历史的古迹与遗存。

日铸岭与日铸茶

日铸岭，是不能不去朝圣的。

北宋欧阳修说"两浙之品，日注（铸）第一"；杨彦岭《杨公笔录》有"会稽日铸山，茶品冠江浙"；清人金武祥评日铸茶谓"遂开千古饮茶之宗"。这便是陆游诗中所说的"日铸

则越茶矣，不团不饼，而曰炒青，曰苍鹰爪，则撮泡矣"。这是最早的炒青绿茶，也是饮茶撮泡法的起源之处。

越过风雨超越时空去寻觅历史，有一个声音仿佛在说："昔欧冶子铸剑，他处不成，至此一日铸成，故名日铸岭。"日铸岭在那里，依稀的山路在那里，经过千年风雨的石阶在那里，那个欧冶子铸剑的地方已经很难寻觅了，透过风声、雨声，似乎听到遥远的铁锤锤打的声音，这是最早的越王剑铸成的地方。欧冶子是怎么找到这么一个地方的？这里的山水成就了欧冶子，注定了日铸岭是一个不平凡的极具神奇色彩的地方。据说这条古道上还有下马桥和议事坪的遗迹，与北宋皇帝赵佶的驸马南下避难抗金的故事有关。风雨飘摇，千年"卧薪尝胆"的故事又一次重演，日铸岭是古越文化的见证。

在古道的竹林深处，仍可以找到一些野生的茶树苗。她是刻意生长在那里为日铸茶做注解吗？

我们伫立在日铸岭顶的那个凉亭里，找那一块《日铸亭庵碑记》，模糊的字迹中，依稀可辨："夫岭东连台、温，西接杭、绍，阳明洞，若邪溪。咫尺名山，环卫耸秀，往来络绎，商货奔驰乃今指之道也。"谁能说，这不是一条茶马古道呢？

御茶湾

这才是真正的日铸茶的出产之处。

日铸茶，又称日铸雪芽、兰雪茶。宋时被列为贡品，明清两代曾在这里开辟"御茶湾"，专为皇室采制御茶。御茶湾的名字留下来了。

此处的荒凉与偏僻，显然不能与唐时浙江长兴的贡茶院、北宋建瓯的北苑御茶园相比，可她是真真实实的一处历史遗迹。御茶湾，只是当地的人们忽略了你。站在溪流边，我们想象着当时采制御茶时的热闹场景，也预想这个"御茶湾"重新规划开发的未来场景的辉煌景象。

开发得有些迟了，一如日铸茶的复兴，在浙江的茶文化历史上，除了紫笋茶，还有什么样的历史名茶在历史与文化的底蕴上可以超越日铸茶呢？

不说欧阳永叔的名句"两浙之茶，日铸第一"，更有诗人王龟龄的"龙山瑞草，日铸雪芽"。透过历史烟云，可以发现绍兴之日铸，在茶的历史上是那样的光彩夺目，正如明袁宏道诗云："钱塘艳若花，山阴纤如草，六朝以上人，不闻西湖好。平生王献之，酷爱山阴道。彼此俱清奇，输他得名早。"

王化村：百年老茶栈

绍兴王化村，这是一个被人称之为江南香格里拉的小乡村。至今仍然留存着一处百年的建筑——瑞泰茶栈，这是创造于清道光二十五年（1845）的茶栈，创立人为王化人宋周瑞。

百年的茶栈见证了日铸茶和平水珠茶营造的辉煌。

据史料，宋周瑞将日铸岭产的茶叶携带至上海洋行，被认定质量上乘，宝顺、怡和、旗昌等6家洋行与之签约，由瑞泰负责生产、采购，在沪交货，这样经营长达44年，最盛时瑞泰建立有25家分支茶栈。

我们在瑞泰茶栈的院落里徘徊，有着百年历史的老茶栈，已经被改成村里的文化活动中心。后院和边厢房仍住着人家，据住在院里的老人介绍，这个院落共有137间房子，在瑞泰茶栈辉煌时，这些房子分别用作加工车间、账房、厢房、长工房、厨房。听村里的老人讲述让所有王化人骄傲的瑞泰茶栈的故事，物是人非，似乎所有的属于语言的诉说显得有些苍白。在那一个院子的角落里，一只写着"衍和"字样的茶箱，极像是要跳出来为我们作最有说服力的见证。这可以作为文物的茶箱，竟被这样用作垃圾箱随意堆放在院落里。

王化村的瑞泰茶楼，是中国茶叶出口近代史的缩影，这样的遗迹已经不多见了，理应作为文物好好地保护起来，她是中国近代茶叶出口历史辉煌的见证。

铸铺岙村

那一条著名的若耶溪，曾经被诸多文人吟唱过，这条溪流淌着茶的芬芳，流淌着文化的光辉。李白说"遥闻会稽美，且度耶溪水"。明王阳明隐居若耶溪，有诗句："松间鸣瑟惊栖鹤，竹里茶烟起定僧。"南巡此处的乾隆皇帝诗云："若耶只隔一溪湾，好似天风吹引还。"

铸岙村，过去是若耶溪的一个埠头，是水路与陆路的连接点。曾经的繁华，被美誉为"小上海"。在那个"浙东第一亭"的凉亭里，一位家住凉亭旁年已76岁的周绍梅老先生告诉记者，记得小时候铸铺岙村非常繁华，沿溪的街道商铺林立，若耶溪上每天有300多条乌篷船停泊，三层高的大船有4条。它们往返于绍兴、杭州、上海，带来工业日用品，又在这里装回山货。山民挑着担子来镇上卖了山货，又买回日用百货。这个凉亭是水路转陆路，或是陆路转水路，山民们必经之处和停留休息的地方。

昔日的繁华已经不见了。若耶溪也不再是过去文人笔下的若耶溪。若耶溪变窄了，污染了的河流不再有王阳明诗中"栖鹤"的场景，一群不知谁家养的鸭子一点也没有历史的负重感在溪中自由地戏水觅食。

我们思考起了"历史"两字，历史究竟代表了什么？难道只是信了文字与记忆吗？铸岙村曾经的繁华，留在老一辈人的记忆里。记忆也将随着一个个老人的逝去而消失。

日铸岭古道

平水珠茶，平水镇

同样的感叹，又一次出现在平水镇的街头。

这是一个在唐代就形成茶叶集市的地方，唐代诗人元稹在《白氏长庆集序》中说道，见村里的儿童竞习诗歌，找来问，儿童答，先生教抄写白居易、元稹的诗，可用它到集市上换酒买茶，可见在 1000 多年前平水已成为茶叶集散地。除了平水在唐代已成为茶叶集散地外，至宋代，平水附近的兰亭也有固定的茶叶交易市场。陆游《兰亭道上诗》有"兰亭步口水如天，茶市纷纷趁雨前"，在《湖上又作》一诗中有"兰亭之北是茶市，柯桥以西多橹声"，生动描述了茶市的繁荣景象。

平水的真正出名，是在明后期。会稽县平水一带的茶农，在日铸茶炒青制法的基础上，将"似长非长""似圆非圆"的日铸茶重揉、重压，揉炒结合为团，制成了炒青圆茶。这种茶叶外形圆润如珠，又出产于平水附近的山区，并集中于平水加工，所以在国内外市场上称之为"平水珠茶"。

平水珠茶于明末开始出口。据民国三十七年（1948）《浙江经济年鉴》载："五口通商前，于晚明崇祯八年（1635）已有茶商带平水珠茶至广州销售，经广商整理出口。"

清代，是平水珠茶出口的辉煌时期，平水亦成为浙东茶叶的加工集散地，清道光以后附近各县所产珠茶，多集中在平水进行精制加工、转运出口，"平水珠茶"因此声名远扬，享誉海内外，成为当时最有名、最具规模的出口茶类之一。平水珠茶在国际市场被誉为"绿色珍珠"。18 世纪中期，平均每年出口平水珠茶 1 万吨，最高达 1.25 万吨。平水珠茶在伦敦市场上的售价之高，不亚于珠宝。

即便是过了平水珠茶的鼎盛时期，在 1938 年前，平水仍然有大大小小的茶厂（茶栈）69 家。

可以想象，这样一个扛起了近代中国茶叶出口半壁江山的出口茶叶加工集散地，彼时的平水镇是繁华的。这样一个小镇，分布着 69 家茶厂（茶栈），其规模，其气势，足以让人叹喟。

茶栈林立、茶香飘逸的平水老街，又在何处呢？

一如若耶溪的消失，人们可以不记得若耶溪，但人们千万别忘记平水这个名字和平水这个地方。

平水，书写了中国近代茶叶出口的精彩华章，平水茶事足以构成近代中国茶叶出口半部历史。

作为中国茶叶拳头出口商品的珠茶，在国际市场上，很多人依然称它为平水珠茶，英文 Gunpowder 依然为全世界的茶商们所熟悉。

平水，在中华茶文化历史上的地位别无他处能够替代。

有着如此厚重历史文化底蕴的平水，应该有一些让人朝圣的地方。可是破旧的古街早已沦落到被人遗忘的境地了。

第二辑

唐诗之路
的风雅

盛唐气象，是中华茶文化的第一个巅峰。

浙东唐诗之路见证了茶的风雅。

去寻访孟浩然《宿建德江》"野旷天低树，江清月近人"的闲适；去朝圣李白梦游过的天姥山，再溯游剡溪看尽唐诗风采。

从温庭筠"正是芳菲欲度"的临海溯江而上到白居易笔下的"群亭枕上看潮头"，附庸风雅又如何？反正我们都是唐诗的信徒，茶的痴友。

千里江山　云雾一朝：
新安江的"云里雾里"

■孙状云

【编者按】这个炎炎夏日，我们决定去建德苞茶的产地采风，不是采茶的季节，完全是冲着那一个"建德苞茶梦幻17℃新安江观光之旅"的经典茶旅线路。建德苞茶的品牌在那边，有关建德茶产业的深度报道茗边已经做过一次深度采风，这一次我们只想以一个普通茶客做茶乡体验游！

梦幻17℃新安江，伏夏35℃城市天气，与那个17℃的新安江的清凉世界，诱惑在那里！我知道建德以梦幻17℃新安江观光之旅来作为建德苞茶的茶旅线路的内核，表面看来有些牵强，江上的旅程与岸边的茶园茶事，风马牛不相及。我们不能猛扎到17℃的水里，还想着那一杯清香袭人、况味更加的建德苞茶。

在清凉世界的江边，找一处民宿住下来，品茶、论茶、话茶，仲夏里梦幻的17℃只是一个由头。我们知道，新安江就在建德，建德的城市因新安江而建，是建新安江水库大坝而造就

了当下的现代建德都市。新安江水库早就不叫新安江水库了，现在大家都叫它为千岛湖。在很多人的印象里，千岛湖属于淳安县，可拦截湖水的大坝建在建德，将近1/4的水域面积在建德境内，如日中天的千岛湖与建德是扯得上密切关系的。大坝的下游便是新安江，新安江的下游是钱塘江。一个湖，一条江，背靠着湖，紧临着江，这样的城市怎能不灵气动人？

盛夏的建德，天空是湛蓝湛蓝的，蓝天白云，如洗的天空，照见如洗的心绪。建德，无数次去过，就一个词：喜欢！国家气象局将建

德评定为气候宜居城市，不是没有道理的。新安山水，诗画江南！

我们知道，离建德城市不远，有一个叫下涯的地方，新安江沿流而下，在这里折一个云字形的方向，也有人将地处下岸的水域叫之江。之江岸边，有一块网红的茶园，茶园的绿色，被缥缈的云雾包围成梦幻的仙境，茅屋盖村的茶亭，在血染的夕阳下给人一种江湖久远的释然，网传的照片中见过有人在茶亭或在雾霭朦胧的茶地上抚琴……

就在这样的茶山边，找一处民宿住下，我们自己做的攻略，居然与建德朋友的推荐一致，都不约而同地选择了那一个叫"烟渚之江"的民宿。

本想作一次度假式休闲旅游，没有采访任务，晨起观日出，暮落看夕阳，去附近的江边迈步看一步一景的江山雾景……我们只是从流传网上的照片里观赏过，还没有亲临实景！

入住的当天，天色已晚，夜色早已拉上了幕，深信那构成诗情画意的雾一定在的，融入了黑的夜，只留下了江水流动的轻轻的叹息和不知名的秋虫的鸣唱。遥对浩瀚的星空，写意出静谧，夏日的凉风惬意地抚慰着我们，明天早起吧！

我们还是起得不够早，错过了红日初升、日破云天的场景。所幸，朝霞仍在白沙奇雾中如约而来：缥缈在江面的雾，如梦幻影，近看或远看，她是不声也不语，随着自己的性子做出最放纵的舞姿群舞，风吹来，也不再矜持，拖曳着长长的飘带，作出最浪漫的示意，这是天上的舞台吗？我等当不成仙人了，此时此刻，这何尝不是一个世外，可以忘记世间的一切！

沿江的游步道，有些长。这也是一个网红的摄影地，爱好摄影的人拿着长枪大炮在雾霭中也成了一道独特的风景。

后来才知道，开"烟渚之江"民宿的老板张定也是摄影爱好者。看到他向我们展示的一幅幅绝美无比的照片，我不由得感慨，如果一位真正的艺术创作者，这样匆匆地走过，真的是辜负了这一条江的深情：不说春夏秋冬四季，即便是同个季节，每一天的早上与晚间，都可以捕捉到不同的江景画面，美景是可遇不可求的，美在瞬间，美在用心地捕捉与发现。

我们没有拍到之江边茶园云雾缥缈的照片。

天气太炎热了，也不好意思让陪同我们的黄永平老师在茶亭里为我们演奏一曲古琴。

江山此地深

■张凌锋

这座城市给你留下的哪怕是匆匆一瞥也足以惊艳。何况那里还有"人远禽鱼净，山深水木寒"的新安江。

这里便是建功立德的全国首个气候宜居城市：浙江建德。

建德我去过多次，每每魂牵梦萦的却是那条有着"雾霭沉沉楚天阔"之美感的新安江。柳永的这个"楚天"不正是眼前这片牵恋的大江吗？只不过三变眼中"千里烟波"的灰色地带于我们却是伏夏幽居的绝好去处。

建德境内的这条新安江从古徽州的文脉中流淌而来，蜿蜒曲折，带来了那一份独有的气质。她有别于"浩浩西来，水面云山，山上楼台"的长江；也有别于"峰峦如聚，波涛如怒"的黄河；更别于"两崖峻极若登天"的"红色"金沙江。她与她的邻居富春江系出同门，既有源头古徽州的玲珑俊秀，也有"富春山居"的闲适气息，我们也可以称为"山野气息"。就因为如此，新安江便具有了人情味和人文气。

雾笼寒江月笼沙。这是凌晨五点的新安江面。

太阳还没升起，那轮残月也没有落下，隐隐约约、朦朦胧胧高垂在西方天际。对于凌晨的这弯下弦月来说，在雾的烘托下竟一点也不

凄凉，甚至还有那冰清高洁之美感。谁曾想我也能感受到一千多年前唐朝大诗人杜牧笔下"烟笼寒水月笼沙"的清丽景观。只是杜牧感怀的是"国破后庭花"，我们则是对着那轮刚过满月隐有残缺的月亮开心地唱起那首对于美好生活憧憬的歌：我们的生活充满阳光……我们相信，穿过那层雾，太阳就会出现。

随道游步，那是"山屏雾帐玲珑碧"；

眺望前方，那是"斜月沉沉藏江雾，碣石潇湘无限路"；

临近江渚，那是"云雾苍茫各一天"；

环顾四周，那是"雾失楼台，月迷津渡"。

雾聚时，"水上寒雾生，弥漫与天永"；

雾散时，"东风袅袅经崇光，香雾空蒙月转廊"；

雾灭时，那便是"山青青兮欲雨，水澹澹兮生烟"。新安江上的雾变幻万千，也层出不穷，雾从清晨走来，遗失在清晨的尽头，用被注入了惊鸿的神光，擦拭了时间，诠释了那一句"岚雾今朝重，江山此地深"。

好一阕"江山此地深"！

两岸雾重重，此地既是江山胜景，亦是我们异乡人同归的故乡。

万户捣衣、结网而渔，这个名叫下涯镇之江村的居民们是多么的幸福。阳光终于洒进来了，一点、一束、一片、一整个江面的铺开来，雾也开始慢慢散去，便完成了它们的使命，成为我们怀念的那缕梦中的青烟，笼住岁月，迎接朝阳与万丈霞光。

此刻，曾是江中一点的打鱼船向我们划来，船舱中那些清晨"贪嘴"的江鱼就这样或被渔民自食或送人抑或是在集市中交易而结束它们的生命，但它们是见过最早的江与雾的，成了美景的首批观光者。此刻，刚刚还是只闻捣衣声不见捣衣人的捣衣农妇跃然眼前，朴素勤俭的形象也是符合了中国传统村庄妇人的认知。她们也都是有说有笑的，仿佛站着的在对蹲着的讲述昨日她儿子带着儿媳孙子来家里的喜乐之情；而蹲着的则报以羡慕又哀怨的叹息自家儿子至今不愿娶妻的烦恼。鸭子成群的或嬉戏，或扇翅，或整羽，或潜游，不亦乐乎；浮萍成串的随着江水上下晃悠；水葫芦竞相绽放自己那娇艳的花朵；过往的货轮还在诉说这条江的航运功能……这派和谐美好的清晨江景恰是我们所追寻的那抹幸福的色彩。

其实我们一直追寻的诗与远方，也是由无数个平凡得不能再平凡的日常生活组成的。那才是诗与远方最坚实的基础，也是最平凡的感动。

等到雾散尽，那便是"潮平两岸阔，风正一帆悬"的壮丽新安江"之江"段。

站在古严州的城墙上感受来自三国时期吹来的江风。赤壁的大火没有熄灭东吴的硝烟，当年的建德侯应该率领着他的船队在此集结出征为自己的国家战斗吧。这是有历史，有岁月痕迹，有人文情怀的严州城。吊古怀今，那是从烽烟里走出来的故事，新安江用幽幽亘古的波涛见证了岁月的流逝，等来了东吴高奏的凯歌，也等到了如今这一曲盛世的赞歌。

当高高飘扬的旌旗被撤下，当重重防御的城墙被维护，当斑斑痕迹的古迹被保护，古严州的历史也就翻开崭新的一页，开始书写属于共和国下的建德荣光。

但你看那江水啊，依旧不舍昼夜地流淌着，奔向她期盼的终点，完成她的使命，实践着那一句"江山此地深"的誓言。

那天，我站在江边，想着一座城市能给我们带来什么？如果这座城市有条江又会怎样？

早些年，汪峰有首经典的歌曲叫《河流》，其中这样唱道："谁能告诉我那奔腾的迷惘与骄傲，是否就是我心底永隔一世的河流，是否就是我梦里永隔千里的河流？"

是的，河流就是我们心底的那份骄傲，如江面的雾，为你笼着不散，等待"甲光向日金鳞开"的那一刻，给你"波撼岳阳城"的豁然开朗与勇气，这便是一座拥有江的城市所带给你的——厚积薄发、蓄势待发！

站在江边，身处雾中，我只能说——

山一重，雾一重，

他乡即故乡，

江山此地深。

见烟渚茶园的日升月落，
留将满天繁星与我。

你见过建德苞茶原产地茶园吗？

你见过凌晨雾气氤氲的茶园吗？

你见过傍晚余霞落晖的茶园吗？

为了那一杯建德苞茶，我们便又去了新安江。

来了烟渚之江的茶园，便再也忘不了了。

据"烟渚之江"民宿的老板说，在离民宿几千米的地方便可以看到这一景观。于是，我们便早起晚趋地去欣赏我们心中的圣地美景。

看群山在云雾的怀抱之中，茶树在漫射光的照射下，郁郁葱葱，如城墙一般；茶芽在云雾水汽的滋润下，蓬蓬勃勃，如出浴的美人。若非亲眼看见，是不能用语言来形容这种生长的张力和自然的魅力的。一株茶芽要经历怎样的过程才能变成茶客手中的这口茶汤，从科学的角度自然有很多种要素，但是从人文的角度来说只有一个，那便是情怀。你爱她，这茶芽自然就是口中的那滴甘露。所以，爱茶的人是一定要去原产地看看的。

晓起雾未散：
浮云不共此山齐，山霭苍苍望转迷。

空气中带有明显的伏夏不该有的凉意，那是凌晨无人的茶园，最清爽，最无拘束，也最令人期待，就像在山巅等待红日探出云雾的那种期待：期待苏醒与光明。

清晨，走过云雾未散的茶园，站在茶园供摄影爱好者或者纯粹的游客取景所需的草棚中，那一股清风袭来，清香四溢，令人情不自禁地张开双臂，拥茗入怀。沿着观光小道，风光旖旎，青白二色烂漫，而云雾也是那样的可爱，我心中的云雾年长于我，它借着青色一路和你相接：含愁初见的山水，微凉将雨的天青。凉是凉了点，发梢沾湿了雾化的露水，吸收了与茶叶同源的滋养，瞬间觉得"高山云雾出好茶"是有道理的。

慢慢地，阳光穿过云雾，为茶叶带来光明，也为我们驱散了些许寒意。此刻的雾就化成露水挂在叶片，滴答一下，归入尘土，完成一个完整的生态循环，也为我们完结清晨的雾化茶园。

然后再回去睡一个美美的回笼觉，用梦乡回味刚刚的茶园胜景，仿佛置身瑶池仙姑在采集"千红一窟"的场面呢！

岸远且潮平：
凤吐流苏带青轩，日斜归路晚霞明。

饮尽建德苞茶来山上观看晚霞也别有一份情趣。

老地方却不是老场景，这是有别于凌晨雾霭茫茫的白，那是"长河落日圆"的退红色，不刺眼不伪装，磅礴娇艳得令人如痴如醉。晚霞像风吹流苏般铺在天空中，映透天际。这时候想起主席的那句："看漫山红遍，层林尽染。"

眺望波光粼粼的江面，远处的渔船归家了，肥美的江鱼又跃出水面，一行家鸭连成线，几处野鸟并排飞……

江风夹着江水 17℃ 的凉意，山风裹挟着满山茶叶的幽香，迷醉游人，踏着茶道，谈笑风生。或许夕阳下的茶园是最美的，你可以幻想这样一幅场景：牵着爱人的手漫步茶园小径，有蛙声，有虫鸣，有鸟叫，也有你们的呢喃。就这样，一直牵手到白发苍苍，那可是再幸福不过的了。或者，约上三五好友，一起彳亍，聊着青春，喧肆着未来，嘲笑着，怜悯着，同样也爱慕着，欢喜着。这是朋友之间心照不宣的情谊，留在茶园，安放在这个夕阳后的时间，一个绝对安静又相对热闹的时光。

原来，这就是建德苞茶茶园的清晨与傍晚；原来，这就是建德苞茶！

恋恋红尘，仿佛有了这杯建德苞茶而变得光怪陆离：五万年的遗址上建德立功而成的光辉茶情都映在这一杯茶里，日月变迁、儿女情长；宏图社稷、春生秋长……

几天光阴确实很短暂，没有看到星空下的茶园是个遗憾，想要躺在茶园里，留下一个倩影在繁星的荧光下与茶叶作最深情的亲吻，我将此行的百里路程，打个偏结为你做碧玉的发簪；再把所有熟知的月光，都团成你腕上雕花的银镯。月光是你的，路程是我的；相似的弧线，等长的温柔，留给再次相遇的惊艳。

告别新安江，告别那片日升月落的茶园，那是眷恋不舍，青山薄雾、绿水彩练，一幕幕恰似云天外的世界，然后再慢慢地氤氲，慢慢地投射，慢慢地聚焦在一杯满怀温度的茶汤之中，聚水为心，投茶成忆。

忆建德，最忆新安江。

青山两行走碧水，气蒸山河水云梦。

悠悠东流去。

忆建德，还忆苞茶香。

清甜一盏似月弯，娉婷绰约作花苞。

宛在水中央。

雾里看新安江水墨画卷

■胡文露

第一次踏足建德是 2018 年的炎夏，我怀念着建德，再一次来到这座城市，不禁拉开了心幕，涌出一年前的回忆，这里的旧梦温暖美丽，依然鲜明如昔难以忘却。再看建德，变化的是城市的快速发展，不变的是这座城市带给我们的温度。

有一个地方，就在那水软山温的之江村，予人一种闲适静谧之感。我们下榻的网红民宿"烟渚之江"就在这里，民宿四周环绕的砖瓦将尘嚣隔绝于外，中国风元素的建筑，门口铺就的石子路，带给我们的是调慢时间步调的田园岁月，简单却不平凡。低调野奢的装修风格，无不散发着深邃安静的气息。

在这里，我们看时光变迁，唯岁月静好。夕阳西下，因舍不得这美景，便沿着江边散步。暮色下的新安江，静好如画，褪去城市的喧嚣，在清风明月间，且听风吟，做一回人间神仙。入夜倚窗，看山间明月、江上渔灯，也有着不可描摹的情趣。

听说，之江村的这一段是新安江最美丽的河段，江面最宽、变幻最大。晨起看雾，我从一条游步道上径直走去，放眼望去，江面雾气缭绕，像似白丝带，覆盖在整个江面上，清风撩动江面，形成一道亮丽的风景线，蔚为壮观，甚是好看。

近看潺潺的江水，远眺青翠的山峰，笼罩在氤氲朦胧的雾霭之中，以及岸边整齐的农家房屋，令人涌起思古之幽情。在绿水白雾之上，慢慢地踱步沿江走着，在这里看整个江面，景物历历可数；连江上泛舟的渔民，江边洗衣的农妇，低空飞行的白鹭，悠闲浮游的野鸭，都成为点缀新安江景色的一分子。这一派景象祥和温柔，组成了天然的水墨美景。

你只要静静地观察它，发现它的美就够了。

隔岸相望，另一面的青山蔚然挺秀。江边的山也还是那么开阔，翠嶂青峰，一番深峻的气象。它巍然屹立，绿云掩映之间，我们悠然地坐在江边向江心投以最深情的目光。

这里兼有山和水的佳趣，我们在游步道上悠闲地溜达了好一会儿。此时，淡淡的阳光恰好透出云层，把山野照得微亮，精神也不觉地爽朗起来，然后大踏步地在游步道上勇往直前，越走越高兴，越看越惬意，走完了看完了才恋恋不舍地回头。

夜幕降临，我们登上了建德梦幻新安江夜游的游船。凉爽的江风，吹散了酷暑的炎热，甚至还带着丝丝凉意。夜晚的新安江码头，灯火辉煌，霓灯闪烁，两侧建筑物和山体都装上了五颜六色的灯光装置，每晚到时间便会呈现出不同的视觉效果。

一江水养一座城，没有新安江，建德就不成其为建德了。新安江如同一条碧绿的翡翠项链，环绕着建德这座江城，城中有江，江中有城。新安江给了建德人多少浮世的安慰和精神的疗养。

建德是个江城，同时也是个山城，这里有山有水有茶香，像喜欢杭州一样，我也喜欢上了这座小城。本以为大同小异的旅程却带给了我截然不同的感受，每一次来，都带给我不同的感动。

游不完的建德，看不完的风景。踏足建德这方山水、17℃江水、风景养心、文化养神、乡野养情、运动养生、温泉养颜、美食养胃，都能体验到这座休闲养生之城的无穷魅力。在这里，我们看到了从未见过的奇异风光，惊讶于它的绝美，水之潋滟，江之静美；在这里，我们感受到城市的温度，温暖而柔软，和那种令人向往的"山静似太古，日长如小年"的生活。

建德，让我们期待下一次更美的遇见！

文化的品味

■邱 桂

　　炎炎夏日，全国人民在一边吹着空调一边慨叹"命都是空调给的"时候，距离杭州140千米的建德，夏日别有一番天地——"清凉17℃，避暑新安江"。只听温度，都觉得凉爽了不少。

　　17℃的新安江，早晚间的雾带环绕，给建德笼罩了少女般羞涩的美。去建德，傍晚时分，沿着江滨中路双江特色街欣赏新安江的美，在5号楼、6号楼里品一杯"建德苞茶"，逛一回"建德苞茶文化展示中心"，在赏茶、品茶、知茶、乐茶中感受建德苞茶的故事。

　　沿建德江滨中路双江特色街边走，便可瞥见"建德苞茶"品牌综合体及文化体验中心，体验中心集"展示展销、质量管理、茶文化体验"于一体。

　　走进体验中心，便将一切浮与躁隔绝于门外，取而代之的是幽与静。沏一杯建德苞茶，乳白的叶片在水中舒展、轻舞，春天的味道扑鼻而入。光喝茶还不够，还要带上这杯茶，去6号楼的建德苞茶茶文化展示中心，边看历史边

品茶。

6号楼的一层楼为展示展销中心，共有5家茶店。每家茶店里都展示着精美的茶具，以及极具当地茶品牌的代表——建德苞茶。

走进第二层楼，才是建德苞茶茶文化展示中心。

建德苞茶茶文化展示中心，就是建德苞茶历史的浓缩史。

一入展厅，建德苞茶丰富的茶历史就扑面而来，应接不暇。快速扫描整个展厅后，再细品展厅。展厅一共分为七个部分，分别是：茶之初、茶之源、茶之坊、茶之俗、建德苞茶的时代沉浮、建德苞茶加工工艺流程、建德苞茶

品类代表及品饮方式等。

"神农尝百草，日遇七十二毒，得茶而解之"。神农传说开启了茶之初的故事。在中国茶的第一部专著、茶叶百科全书、茶圣陆羽的《茶经》里有记载——作为睦州州治所在地的建德，就处在浙西茶区的中心区域。

在"茶之源"里，感受建德苞茶演变的历史过程。汉、唐、宋、明、清历朝的古代史里，不同的资料都留下了建德茶产业发展的足迹。《茶经》、县志、《严州图经》、《浙江茶叶志》里，都觅得建德产茶的史料记载。

文人墨客，以己笔写己心，描自己所见所闻。他们品了建德茶，在诗歌里留下了建德茶千年的咏叹。"潇洒桐庐郡，春山半是茶。轻雷何好事，惊起雨前芽。"这是《潇洒桐庐郡》里文正公对建德茶欣欣向荣的赞美。明代礼部尚书章懋出巡江南时，留下了诗中有画、画里有诗、诗中有茶、茶中有建德的"茶诗"："舟过新安江，鼻间皆茶香。清风掀绿波，壶中养心汤。"新安江两岸的茶园片片，春风拂过荡起绿波，人在舟中，缕缕茶香入鼻过，神清又气爽。

到了近代，茶产业的发展，兴盛了茶馆业，茶馆成为人们聚集的重要场所。20世纪80年代，建德成为全国一百个重点产茶县之一。

不同地区有着不同的饮茶风俗，形成了自己的茶习俗，建德同样如此。凡岁时、结婚、添丁、祭祀、避邪等均有一定的仪式和规定。如婚礼中有定亲茶、迎宾茶、贵子茶等。

建德茶业，随着时代的更迭，亦在沉浮变化。经历了稳定、繁荣、萧条、恢复等时期。1979年，苞茶恢复创新，并改名"建德苞

茶"；1991 年在杭州国际茶文化节上，荣获"中国文化名茶"称号，同年获北京茶叶博览会金奖。建德苞茶成为浙江省第一批恢复生产的古老名茶之一。

展示厅中有一副对联："陆羽沉醉苞茶香，霞客留连建德美"，横批："茗闻天下"。历史长河里发展变化的建德苞茶，在这副对联里浓缩了岁月，留下了茶香。

走进第二个展厅，相比起历史里的故事，这里介绍的是建德苞茶的加工工艺。建德苞茶的加工工艺分为 8 个步骤：茶叶采摘、鲜叶摊放、杀青揉捻、摊凉、初烘、回潮、复烘、筛分。

通过以上 8 个步骤，建德苞茶就诞生了。而今，建德苞茶根据树种的不同分为 3 个系列：黄化系品种为金苞系列，白化系品种为钻苞系列，常规品种为翠苞系列。三个品种各具特色，其品质特征是月弯条、花苞形，汤色嫩绿明亮，香气幽香清甜，滋味鲜醇回甘，叶底嫩匀成朵。

看完加工工艺及产品分类后，又见一副对联总结建德苞茶的品质："苞茶有幸藏珠玉，茶品无瑕见匠心"，横批："一品功夫"。一杯汤色清澈、香气馥郁悠长、滋味鲜爽的建德苞茶，正是以"匠人之心"的态度打磨而出的。

在两个展厅之外，建德苞茶还配了包装车间以及审评室。审评室用于对茶叶的审评，经过检验合格的建德苞茶，将在包装车间统一包装，印上标识，最后摆放到每家建德苞茶茶店内。

茶，在中国乃至世界都占有举足轻重的地位。建德苞茶茶文化展示中心的开篇就隆重地提道："中国是茶的故乡，茶叶深深融入中国人生活，成为传承中华文化的重要载体。从古代丝绸之路、茶马古道、茶船古道，到今天丝绸之路经济带、21 世纪海上丝绸之路，茶穿越历史、跨越国界，深受世界各国人民喜爱。"

风起，叶摇，花轻语，建德苞茶从千年走来，每一片茶叶均徜徉在万物之怀，倾听着大自然的天籁，茶中气韵，浑然天成。沏一杯建德苞茶，逛一回建德苞茶茶文化展示中心，在茶香弥漫里享受一杯茶的乐趣，从这里了解建德苞茶的历史，品味这杯从历史里走来的茶。茶没喝够，还可以下楼，任意走进楼下 5 家建德苞茶店，坐下细品，向茶艺师了解更多建德苞茶历史、茶文化。

"百年苞茶，香闻天下"，有历史、有故事的建德苞茶，在不知不觉的品味中增加了厚度。

金芭

茶条紧秀，匀齐成朵，形似花苞，明绿镶金色，赏心悦目。茶汤清澈，香郁持久。

春茶看龙井 诗路觅茶香

■张凌锋

　　唐人诗曰："人间四月芳菲尽。"其实不然，仍有一株树为你停留在山坡上，那便是茶。芽叶舒展，如佳人娉婷玉立，楚楚可爱。正如仓央嘉措的诗一样——你见，或者不见我，我就在那里，不悲不喜。所以，我们来了。

忆新昌，最忆罗坑山

瑶池仙境人间有，罗坑山上种茶人。

结庐在人境。

罗坑山，新昌第二高山，因为海拔高、气温低的原因春茶还没有开采，据罗坑山茶园负责人介绍开采就在这几天了，鲜醇甘爽的罗坑山大佛龙井将揭开神秘的面纱，与广大消费者亲密接触了。罗坑山因为常年云雾缭绕，自有仙气，茶叶也附着那一股翩然仙味，就算是鲜叶嚼在嘴里也是馥郁的豆香，天然的就是最好的。

忆新昌，再忆乌泥岗

茶出云雾有风姿，佛出绝处显禅心。

人在草木间。

乌泥岗，这是与佛有缘的地方。平均海拔600米以上，茶园300多亩，云雾天气多，是一个云雾缭绕的地方，也是高山出好茶的地方。若是云开雾淡时分，在岗上能远远望见新昌第一高峰——菩提峰（996米）。佛山灵气凝枝叶，待到春来萌好茶。正是菩提峰赐予了乌泥岗茶叶独特的清秀与无限的禅意，因此聪明的乌泥岗茶人吴海江独创卷曲类茗茶"菩提曲毫"和红茶"菩提丹芽"。片片丹心，拳拳佛心。

据悉，乌泥岗茶厂已经是新昌标准化名茶加工厂、农业教育实训基地、无公害茶叶培训基地，"菩提茶"系列也将有黄茶、黑茶等新成员加入。

忆新昌，还忆拨云尖

天姥连天向天横，拨云见日浮世景。

青山有好茶。

拨云尖，这也是茶人心中需要敬畏的地方。拨云尖属于天姥山一峰，这是李太白笔下"云青青兮欲雨，水澹澹兮生烟"的地方，自然逃不过成为茶山的绝妙地理环境。"越人语天姥，云霞明灭或可睹。"一层层，一片片，一朵朵，不是亲身经历是不知道的，原来茶园也是可以这样形容的。漫山遍野的采茶工，香飘四溢的加工间，亲切惬意的品茶地，再没有这样的闲情了，果然"对此欲倒东南倾"，倾倒的便是那清汤碧绿的大佛龙井，来自拨云尖，拨开云雾便是岁月的滋味！

忆新昌，仍忆外婆村

山间茶村最质朴，如今大山变通途。
因就茶叶路。

若说罗坑山与乌泥岗有着一股禅意的话，那么外婆坑与下岩贝村则给人以一种浓厚的生活气息。

日出而耕，日落而息，绝对是用来形容外婆坑村民的。一种地理环境成就一方水土，一方水土养育一种土地情结，这便是外婆坑与茶的故事。我们相信没有心是种不出好茶的，我们同样相信茶能够让人的心灵始终美好。茶，在外婆坑的创建之初就奠定了最牢固的感情基础。

这是一个关于茶的美好故事。在这片土地还在财主手上的时候，财主把土地租给外婆坑的太公太婆耕耘种茶。一心向善的太公太婆怀着感恩用心对待财主，客气招待，犹如自己的亲人一般。财主觉得特别亲切，觉得他们如外婆爱外孙一般，就把这片土地送给太公太婆让他们在这里安居，又因新昌土话中"坑"与"亲"的发音相似，久而久之，外婆坑村就在这里扎根，深深扎根在这片对土地有着敬畏之心的地方。

然而外婆坑村因地形导致交通不便一直处于贫困的状态，以至于村民自编了两首打油诗："开门就是山，出门就爬岭；看看面对面，走走老半天。""八十炉灶四十光（棍），有女不嫁外婆坑；三餐吃着玉米羹，缺钱缺粮缺姑娘。"勤劳质朴、心存美好的外婆坑村人积极谋求发家致富之路，他们瞄准了茶这种在太公太婆手上就发光的植物。从1991年开始，在外婆坑人尤其是书记林金仁长达20多年的努力下，如今外婆坑的龙井茶已经走出了村子，走出了大山，甚至走出了国门，成为人们喜爱的手中之茶。

谁承想，这个处于东阳、磐安、新昌、嵊州四地交界的小村庄，年茶叶总收入已经从最早的10多万元发展到现今的400多万元，成为新昌的一个茶叶强村。11个民族在这里交融，185户村民，一颗颗质朴的心，世世代代的耕耘，是对于茶的崇拜，是对于土地的尊重，这是最难能可贵的，这是一种信仰的力量，未来的外婆坑一定能走出自己的特色，通过自己的优势走出一条通衢大道。

忆新昌，定忆下岩贝

云上茶乡看云涌，灵秀东茗出灵物。

此间有灵魂。

如果说外婆坑的茶是质朴的话，那么下岩贝村的茶多的是一份精细。

精耕细作一直是中国农业的特色，对于每一个中国人来说这也是一种对于土地的尊重，更是一种对于生活的追求。

下岩贝村属于东茗乡——东方茶叶之乡——仙山福地，石瀑寒潭，奇峰峻秀，旖旎风光，茶之圣地——云上茶乡，灵秀东茗。

当你踏上下岩贝村茶山就会不自觉地发出这样的感叹：天哪，这世间竟有这样美的茶园。背靠穿岩十九峰，左依后岱山，右临后金山，梯田、山涧、岩石……仿佛都已经静止成为一幅画。你可以想象一下若是此处烟雨蒙蒙，云雾缭绕，又是一幅怎样的画卷，"忽闻海上有仙山，山在虚无缥缈间"也不过如此吧！

再看茶园，一排排，一行行，一列列，一丛丛，一簇簇，一树树，一望无际，绵延起伏，整整齐齐，犹如站军姿一般地矗立在山巅，迎接着每天清晨的第一缕阳光；也像井然有序的绿色屏障，守护着这片山峦应有的绿；更像鳞次栉比的艺术品，绽放着这一生也无法穷尽的宝藏。这一份精细，是下岩贝村独有的，这是茶人因着土地情怀而绽放出来的。这茶山，这茶人，这杯茶，与蓝天白云相衬，美不胜收！

果然高山出好茶，品一杯云雾里生长的白茶，始觉喉咙润，再而肌骨轻，后来真乃通仙灵。"山不在高，有仙则名；水不在深，有龙则灵。"现在这里的一切都可用同一样植物代替了，那便是茶。山水的灵秀在于茶，而人类灵魂的崇高也在这一盏茶上。

不管是质朴的外婆坑，还是精细的下岩贝村，或是其他茶山，向我们传达的都是茶作为一种大地生长的植物，我们就要怀着内心的那缕灵魂去经营。对于茶的尊重就是对于大地的尊重，从而也就完成自己灵魂的某种升华，这是"润物细无声"般的丝滑，因为尊重所以崇高，是茶给予我们最宝贵的财富。

山间茶村，云上茶乡，在新昌的茶园，我们终于找到自己崇高的灵魂。

下山路，闻着茶香，唱着茶歌，其实内心却是"沃洲能共隐，不用道林钱"。这样的茶山，茶人，结庐于此却是不能，唯有感叹一句"只缘身在此山中"，这便足矣！

云上的日子

■张凌锋

这是一曲来自越州大地的茶叶赞歌。

最是一年春好处，绝胜烟柳满剡溪。

从一条剡溪而下，为一片叶子而来。嵊州，这个如诗如画的城市用一片叶子向我们诉说着这个春天的眷顾。

暮春剡溪潺潺，到处落英铺路。

云雾没群山，忽闻茶园鸟语。

春光，春光，正是拾翠寻芳。

嵊州，古时称剡属越，有"东南山水越为最，越地风光剡领先"之誉，也有"剡茶声，唐已著"之称，更有茶僧皎然茶圣陆羽论道之雅，是一个注定与茶相爱相生的地方。这一幕无边风景，令多少人陶醉、痴迷。这一幅江山如画，孕育了多少茶叶盎然，果真是"剡溪蕴秀异，欲罢不能忘"。

泉岗村，这是嵊州历史名茶前岗辉白茶的发祥地。近乎是一种朝圣的态度，登高、远望，逸兴遄飞；欢歌、腾跃，神采飞扬。这一杯前岗辉白茶却也不紧不慢地在水中绽放，看人来人往，过岁月匆匆，泛起心底一抹绿，醉眼山间翠。这是一杯茶的态度，静如处子；这是一个茶人的态度，激动满怀。确实，遇见这山间美景，这甘甜茶汤，怎能不入怀，怎能不诗意，怪不得诗僧皎然说："越人遗我剡溪茗，采得金

牙爨金鼎。素瓷雪色缥沫香，何似诸仙琼蕊浆。孰知茶道全尔真，唯有丹丘得如此。"

岁月匆匆，我们或许不会轻易记住春天的脚步，但我们一定记得春天里最是美好可人的茶，来自越州大地的茶叶赞歌，那是我们心中的春天，我们心中最美的春天！

嵊山小雨润如酥，满园春茶绿映波。

若说泉岗是对历史名茶前岗辉白一次朝圣的话，那么通源乡和贵门乡则是云上的天堂。

就着那"当春乃发生"的"好雨"，茶山云海翻滚、云雾缭绕。那一刻仿佛身居云端，过着云上的日子。世界如此纯净，耳朵努力倾听，天空模糊光影，一切像是茶语低诉。此端，是茶的家乡；彼端，也是我们的故乡。茶啊，你真是幸福啊！

通源乡西三村，该村由原三王堂村、茶培村、里大坑村三个自然村组成，是嵊州市级精品村。境内有独特的气候环境，全村平均海拔600米，一年内有近一半的时间云雾缭绕，素有"云上村庄"之称。三王堂出产的高山茶叶远近闻名，每年惊蛰前后，勤劳的西三人民便开始采摘茶叶，三王堂茶叶以其特有的香味赢得了省内外茶商的青睐。

你或许可以偶遇一场西白茶人节。一个乡，以茶人的名义举办一场茶人节在全国范围都是罕见的。仪式虽然简短，但是给人以一种庄严的仪式感。小孩子带着些许幼稚的脸庞，学着大人戴着斗笠、背起背篓走上茶山采茶，蔚为可观，这也是我们茶人乐意看到的一幅有着些许感动与感怀的画卷。

贵门乡上坞山拥有千亩有机茶园，在此你可以感受到浓浓的理学氛围，探寻最美茶园。茶园位于平均海拔600米的九州山腰的大石岗中，直上即九州峰，最高海拔达877米。茶园周围群山环绕，风景秀美，常年云雾缭绕，赋予千亩有机茶园茶叶特殊的品质。登上山顶，我们领略浙江省风景最美的茶园。站在观景台上，放眼望去，绿色叶片层层叠叠，汇聚成一片绿色的海洋，再配上层层云浪，直叹此景只应天上有。

放眼望下，鹿门书院静静地矗立，矗立在茶园之中，众星拱月般地默默散发着儒家理学的思想。这所由南宋吕规叔创办、朱熹曾在此讲学月旬的书院，已经在茶的怀抱中度过千年，两者早已相融，至此，茶韵渐厚。茶啊，你真是幸福啊！

三界茶厂，这是现代茶圣吴觉农创办浙江省茶叶改良场的地方。从此，嵊州的茶经过历代改良创造，成就了今天的"越乡龙井"。如今，越乡龙井已在20个省市开设专卖店180多家、专柜400多家，其中在山东龙井茶市场约占年销量的四成，并首登福建东南大宗商品现货交易所，还远销日本、德国、美国等10多个国家和地区，同时打入沪、杭、甬等地的星级宾馆，走进百年老店湖心亭茶楼。茶青市场、产地市场、中心市场、国内市场、国际市场相配套的"五市联动"销售网络已初步形成，线上线下销售红火活跃。嵊州因越乡龙井而精彩，以全市18万亩茶园、年产越乡龙井茶6000吨、占全省龙井茶产量1/3的优势，赢得"中国名茶之乡""中国茶文化之乡""全国无公害茶叶出口示范基地县""中国出口茶生产基地县""全国十大重点产茶县"等众多荣誉。

西湖在前我在后，越乡龙井在嵊州！

茶梦羊岩

■孙状云

因由

茶旅游早已不是一个新鲜的词语了，可是真正以茶为特色的主题游，能让我们不假思索地想到一个地方，除了武夷山，除了云南普洱的一些产区，还有什么地方让我们去了还想去，待在那儿不思归期？

就浙江而言，这样的茶旅游项目当数临海的羊岩茶场，百度地图已将它称之为"羊岩山茶文化园景区"了。

羊岩山，很多年前去过。留给我的记忆，是一座极具仪式感的茶之圣山，茶山集中连片，一望无际。一行行呈阶梯式分布的茶树，似绿浪翻滚，茶山似海。在云天相接处，那一个又一个可视作边界标志，又作为景观的茶亭，给我留下了极其深刻的印象。

那时候还没有茶旅的项目，谈到茶旅游的话题，也只是那种心有向往、不敢落到实处的

海聊，这么偏僻的地方谁来啊？那一次就想住在羊岩山上，被场里的领导一句"招待所设施简陋，没有作准备"而婉拒了。

羊岩的茶，一直在品的。羊岩勾青，在当今的绿茶品牌里，没有谁能像羊岩人这样牛气冲天，羊岩人自己这样宣传：茶叶亩产值超过万元，为全国之冠；没有一个推销员，产品供不应求，年年零库存……据说，早几年到羊岩买茶，打款了，还得排队提货……

自吹自擂的羊岩。

据说羊岩茶场还新开发了茶旅项目，新建了羊岩山庄。很多人去了之后，回来给我打电话发消息，去羊岩了！你去过羊岩吗？

一如景迈的柏联庄园，中粮"五十茗庄"的一些场景。为了茶而旅游，与旅游中顺便捎上茶文化的元素，这是两种不同的概念。去羊岩，是为了茶而去的旅游。

茶梦

一个决定，羊岩山，我们来了。

位于浙江省临海市河头镇的羊岩山茶场，百度地图上已经变成了羊岩山茶文化园景区了。上山的路变成了水泥路，路变宽了。路虽然变宽了，但依然弯弯曲曲。峰回路转，豁然的茶山，在某一个时点突然地呈现面前，层层叠叠，茶山似海，极目处皆是碧波皆是绿浪，十分壮观、十分震撼。如果是第一次来，一下子跌入这样如诗如画的茶林山景中，你是狂奔于茶园还是伫立在茶缝中？都会不约而同地拿出相机作360度全景拍摄。镜头所及每一张照片都洋溢着跌入了梦境般的幸福。

住下了。新建的羊岩山庄已经爆满，我们便住在茶场自设的招待所里，也不错。打开窗，趴在窗台上，看窗外的茶山，看一行行茶树构成的碧波绿浪在山风吹拂下涌向天际。蓝天、白云、沁人的茶绿。如果是春天的采茶季，望三千名采茶女在羊岩山上采茶，那又将是怎样一种震撼人的场面？

八月的天，是炎热的。烈日下的羊岩山，山风烂漫，在那一阵阵的掠掠微风后，因清新的空气，早已感知不到这个时季应有的暑热了。太阳下山了，夕阳涂染下的茶场，我们去做最温馨的散步，漫无边际，沿着茶绿的小道。

景观是为吸引游人而建的。

真正喜欢茶的人，慕名而来，不在于这样那样的人造景观，而在于那一份因茶而感动的情愫，虽不在采茶的季节，但依据想象完全可以体验那一种制茶人的茶场生活。

我们去"茶道"寻觅观赏每隔50米栽下的一个又一个茶树品种，环山观遍，也去羊岩茶文化博物馆参观。这样的博物馆有些形而上学，其实整个羊岩山茶场就是一座现代茶产业历史与文化的博物馆。羊岩精神及羊岩模式代表了中国茶产业发展的过去，也代表了中国茶产业发展的现状与未来。来这里，是参观，是学习，从茶人职业的情怀来看，更是一种朝圣：羊岩精神，是自强不息的精神。

风车在那里，这不是堂吉诃德的风车，是我们的风车，是有梦想，便会有希望的风车。

羊岩之巅，是一定要去攀登的，俯视：360度全景茶园。

云在那边，雾在那里。

云雾间，茶山碧波如浪。浪尽天际，长亭又见。

云来了，雾去了。云走了，雾又来。一阵雷雨后，那一天，在羊岩山，我们看到了彩虹。

入夜，静如天籁，次递声开，仿如听见茶树的叶子们在悄悄地说：又来了几位茶痴。

被环山的碧波绿浪簇拥着，无梦也羊岩。如果有梦，那一定是茶梦！

故事

如今的羊岩山，山的那边依旧是茶场场部和职工宿舍，山的这边给了新规划的羊岩山庄，山庄徽派建筑的气宇与茶场场部"严肃"的排楼形成反差强烈的对比。

历史与未来。如果你是一位茶人，在踏入羊岩山山门的那一刻，你就会遐思就会寻觅，这样一座依然是集体体制的茶场，是谁创造了它的辉煌？

一路陪同我们的羊岩茶场办公室主任朱青松告诉我们：

老场长朱立华于 1972 年率村民在此开垦荒山，硬是将这样一个不毛之地变成了绿油油的茶山，很有那么一点愚公移山、气壮山河的味道。是他三十多年苦心经营、艰苦奋斗、开拓进取，使羊岩茶场终成规模，也为羊岩茶场以后的发展奠定了坚实的产业基础。他是创始人，可以这样说，如果没有朱立华，也就没有羊岩茶场。

朱昌才于 2005 年 5 月接手羊岩茶场，当时的销售规模才 300 多万元，利润仅 20 万元，到目前实现销售规模上亿元，实现利润 2000 万元，是朱昌才场长做强做大了羊岩茶场。在他手里，羊岩茶场的基地茶园扩大了近一倍。在没有一个营销销售人员的情况下，实现上亿销售额，产品零库存。朱昌才创造了以产品质量为中心的羊岩模式。羊岩勾青，板栗香，香气很好的茶，一款喝了还想喝的茶，口碑传承＋茶场实地体验，是最成功的 B to B+C 及 C to B 的商业模式。

春茶季，打款，排队提货，在现阶段，谁家的品牌有这么牛吗？山上没有启动电商，朱场长告知，一年间经朋友托朋友电话订的礼品茶在 500 万元以上。

朱朝安，是羊岩山第二代茶人了。父亲朱立华那一代人创造的"自强不息，艰苦奋斗，科学求精，开拓进取"的羊岩精神，不仅是羊岩人宝贵的精神财富，而且已成为临海全市人民学习的榜样。开拓、进取、创新，是羊岩人一以贯之的作风，在每一个茶产业的历史转折时

期，羊岩人以开拓、创新赢得了先机。朱朝安介绍说，20世纪80年代，外销转向内销，羊岩勾青的创制成功，使羊岩茶场不仅找到了主打产品，也找到了"以产品质量为中心"的经营策略。

2009年，羊岩茶厂与临海市旅游投资开发有限公司以股份制形式成立了临海市羊岩山茶文化园有限公司，开始打造羊岩山茶文化园。羊岩山庄等茶旅项目的投入使用，由到羊岩山去卖茶，到去羊岩山看茶，由匆匆而过的买茶体验游，到休闲养生的住下来。"羊岩、养眼、养颜"。

当愈来愈多的人慕名而来，品牌＋旅游又构成了全新的羊岩式O2O模式，羊岩的未来不可估量……

春天之春 龙井之春

■张凌锋

你说，春天在哪里呢？

我说，春天的意象，可以是"碧玉妆成一树高，万条垂下绿丝绦"的春树；可以是"几处早莺争暖树，谁家新燕啄春泥"的春趣；可以是"等闲识得东风面，万紫千红总是春"的春花；也可以是"好雨知时节，当春乃发生"

的春雨……

而杭州的春天，除了"日出江花红胜火，春来江水绿如蓝"的春江，还必须要加上"蛰雷一夜展旗枪，东风吹送兰芽香"的春茶。那是西湖龙井，那是一整个春天的味道。

确实，杭州的春天是属于西湖龙井的。

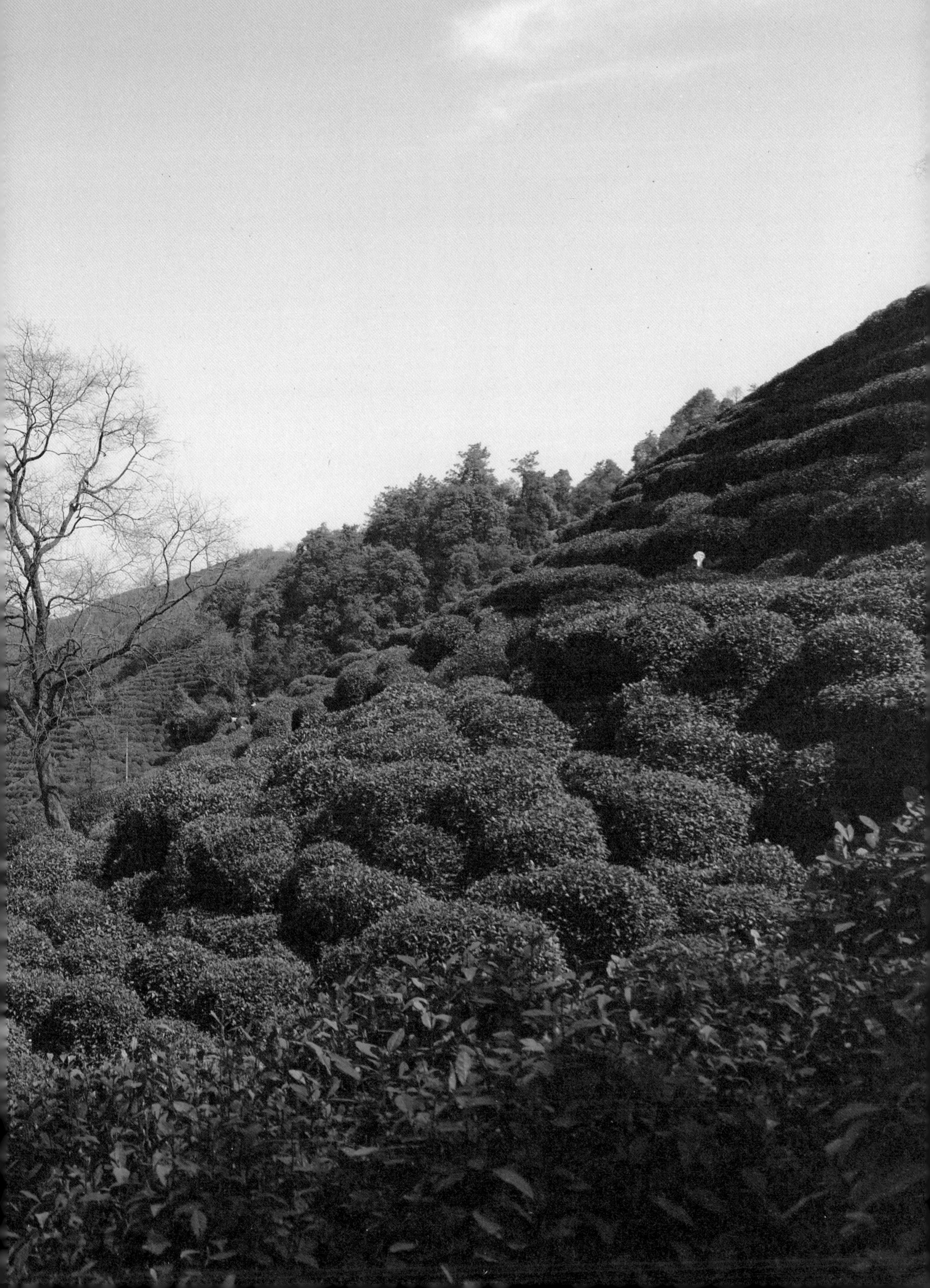

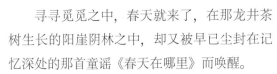

寻寻觅觅之中，春天就来了，在那龙井茶树生长的阳崖阴林之中，却又被早已尘封在记忆深处的那首童谣《春天在哪里》而唤醒。

春天在哪里？

毫无疑问，于我而言，便是西湖龙井给我的一切。

趁着春光无限，我们也附庸风雅来找春。说是探春，也不过是借着西湖龙井的光来踏青。烟花三月下龙井，或许对于我们这群久居都市却又爱着西湖龙井的人来说是一种幸福与安慰。你也别说，"绿茶皇后"的魅力确实是太大了，就算是周一工作日，龙井村也是车水马龙，水泄不通。村民、游客、采茶人，更多的应该是买茶人。鲜醇甘爽的明前西湖龙井又岂会逃过爱茶之人、乐于享受春天之人的手呢？

春天之春，龙井之春。枝头春意闹，街边车马喧。闹，是春天的节奏。

从还没天亮就开始喧闹的鸟鸣声，提醒还在梦乡的人们春天已经到了。当晨曦的阳光从龙井茶园漫撒开来的时候，梦幻的场景伴随着几声狗吠，真真是那个梦里的诗意栖居，归园田居。我们可以想见，天刚擦亮的时候，采茶的农妇们便开始了她们一天的劳作。或许我们无法欣赏到茶园欢歌，但她们低头不语、默默采茶的镜头却是令人动容的，那是最初的代表着万千中国农耕文明印记的印象。这不是茶园欢歌，这是盛世茶歌、太平赞歌。

山气日夕佳，飞鸟相与还。除了归巢的飞鸟，自然还有天亮就出门的采茶女，她们满载而归，笑意盈盈。竹喧归茶女，烟升下嫩蕊……

静谧的村子其实一点都不寂寞。

由此我们可以想见白天的村子，那是游人如织的景区，更是芳香四溢的茶都。我们相信大家都是为着那一杯西湖龙井而来，呷一口，便是整个春天。在我看来，似乎更多的是老熟客，连个杀价都没有，豪爽的像是白送一般，那是有钱人的喜爱方式；也有人耐心询价、讨价还价的，这应该是有别于发烧友的普通大众。而像我们这样只是探春的人，只需一闻那缕香，便已觉"两腋生风"。西湖龙井，真是春天的馈赠。

春天，龙井，就在这闹中回归了平静，但第二天依旧活泼，还是在鸟鸣犬吠中开启，像极了唐人王湾说的"海日生残夜，江春入旧年"。循环往复本就是生活本质。

春天之春，龙井之春。春来发几枝，当春乃发生。茶，是春天的灵魂与生命。

从龙井八景景区出发，经龙井村，到达十八棵御茶。生机盎然是这场旅途的主旋律。茶芽萌发，在山花烂漫之中，她代表着春茶的产量，也代表着茶农一年的希望。

从十八棵御茶拾级而上，路过"为官一任，造福一方"的胡公庙，路过"龙井鼻祖"的辩才亭，出现在眼前的就是青翠欲滴的西湖龙井茶园。这里可以说是狮峰龙井的核心产区。远离了都市的灯红酒绿，与之相伴的是蓝天白云，是浩渺星空，是浩荡春风。她澄澈，她不谙世事，她崇尚美好；她是生命的灿烂，是岁月的痕迹，是春天的灵魂。

狮峰龙井的核心产区在我们常说的"翁龙满杨"。出此四地便不是传统"狮龙云虎梅"首席品牌的产区。"翁龙满杨"便是翁家山村青明山、龙井村狮峰山、满觉陇村白鹤峰、杨梅岭村百丈坞等主要山头。

我们走着走着，落脚点便驻足在了杨梅，那个被我们称作都市的世外桃源的地方。有句唐诗很贴切我们脚下这片土地："远上寒山石径斜，白云生处有人家。"只不过寒山不寒，反倒是充满希望与灵魂的茶山，你是杨梅岭的百丈坞。在茶芽隐约之间，这里的主打特色民宿真可谓是最美民宿，推开窗或者抬眼望天窗，不是满目嫩蕊便是满天繁星，一晃眼，犹如世上千年。

若你想度假，不妨来杨梅岭吧，在风格迥异的民宿小住几晚，体验"鸡犬相闻"的桃源生活。每天唤醒你的除了鸟鸣，还有茶芽的张力透露的正能量；每天伴你入眠的除了万家灯火，还有阵阵茶香。拥着春天的灵魂，"春水碧于天，小楼闻茶眠。"

春天之春，龙井之春。春共山中采，香宜竹里沏。事茶人，奉献的是春天的艺术。

从茶园到茶杯，是无数事茶人用茶为春天奉献的贺礼。茶之所以那么伟大有魅力，也正是因为这是千百年来农耕文化的体现，用现在流行的话来说便是"乡村振兴，脱贫攻坚"的重要产业。从一片叶子，投射在茶杯里，照见的应该是五彩斑斓的加工艺术过程和整个中华民族对于"一年之计"最重要的期待。

茶还是那株茶，是春天的灵魂，经过每一位事茶人之手，灵魂有了升华，成为艺术品，自然也应当成为全人类的期待。

春天是属于茶的，当然更属于西湖龙井，但最终还是属于人的。

这才是茶赋予我们身心与精神的双重感受，这也是茶能成为全人类"美美与共"的媒介。在茶中，我们看见了杭州之春，也看见了生活之春，还有便是地球之春。

所以，你要再问我春天在哪里？
借问春色何处有？
清谷时分龙井山。
其实也不用刻意去寻找，因为春天永远在我们心里，你记得，便存在，如茶——
茶在，春在；
茶在，人在；
茶在，天地在！

杨梅岭

——都市的世外桃源，除了有茶，还有我们的诗与远方……

■孙状云

杨梅岭，杨梅岭，杨梅岭！

杨梅岭是什么？

喜欢茶的人一定十分地明白，这是西湖龙井一级保护区核心产区的一个村子，行政上隶属于西湖风景名胜区，是历史上狮、龙、云、虎、梅老字号"狮"的核心产区之一。曾经一度狮峰山系的龙井村、翁家山、杨梅岭、满觉陇四个自然村抱团打造过一个名之为"翁龙满杨"的产品，以"万元一斤"的不二价，引起过媒体的关注。后来有关部门又搞了一个西湖龙井核心产区的团体标准——狮峰龙井，杨梅岭当是狮峰龙井的主产区之一。

杨梅岭，引起我们关注的不仅仅是茶。

每年的茶季来临，总有一些朋友电话打来：我在杨梅岭，你快来啦！这些朋友一般都是资深的茶友，他们往往就住在杨梅岭的农家。

杨梅岭，我们也经常去，就是没有住过。

朋友来电话时，多数是夕阳西下，等着吃晚饭的时段。微信朋友圈里一幅幅如同书墨或油画一般的美丽山乡的画图，白墙黑瓦，依山而建的民居，没有被规划得整整齐齐，反而显得自然布局下的错落有致。山不高，却绿树如屏，绿色点缀了黑白相间的民居，茶山在村头

屋尾，也在极目的远处。画布中的山村，人们都说诗与远方，这才是真正的诗意栖息地啊！

朋友说，杨梅岭整个村子空气里都弥漫着沁人的茶香！

住下来，闻着茶香入梦，多好！

我知道。

也许是我们司空见惯了。

杨梅岭在山的那边，我们住在都市的这一头，被繁华被喧嚣被为了生计而不停奔波的忙乱与不安占据了身心……在熟视无睹中，将本来可以慰藉心灵的一切美好忽略了。

记得，曾经记得，初识杨梅岭时，也曾有过这样的感怀！

靠近都市的世外桃源！当车子从杨梅岭的牌楼穿过，下坡，一幅鸟瞰杨梅岭村子的美丽画图便呈现在人们的眼前，它是村寨还是浓缩了的小都市？那么熟悉却有一些陌生，山隔绝了都市突然冒出的山外人家，真有点像陶渊明笔下的世外桃源。

那是个晴朗的下午，如洗的阳光倾泻在这个小山涧里，采茶女陆陆续续背着竹篓从各处的茶山汇集到那条叫乾龙的街道上，沿街的人家在门口支起炒茶锅现场炒茶。这是杭州所有

茶区的风景，但在杨梅岭的炒茶工更多是为加工茶叶而作，不像别处的商家是为卖茶而作秀的表演，杨梅岭的炒茶师只顾自己干活，很少搭理人。

这分明更像城镇的乡村，却有着区别一般的城镇与乡村不同独特的况味。如果是大山下的山村，山村会显得孤寂，如果是平地里的村庄，村庄会显得无所依凭的散落，杨梅岭的山不高，但却恰到好处地给村落以一个温柔的怀抱，前山后山透过一扇窗户都可以看到窗外一幅幅绝美的风景画图。

从农家，到民宿，杨梅岭不少的人家办起了民宿。杨梅岭的村书记应祖发告诉记者，目前已经有28家民宿，有的是本地村民办的，有的是外来投资者办的。我们选择不同的类型看过了，每一家都让我们驻足流连忘返。

每一家民宿都有一个诗意的名字，比如简语、留白、欹庐、半边山下等。每一家民宿都经过了个性化的设计装修，他们并不是简单地将农家居住的房间改造成让旅客住宿的旅馆，舒适地住是一个方面，让心灵宁静停顿下来，围绕着情趣的休闲才是主要的。主题情境的挖掘，让民宿与酒店区别开来了，让人待得住。所以除了星级酒店的客房外，餐饮、茶吧、酒吧等配套也显得非常的重要。不看不知道，杨梅岭比人们常常津津乐道的杭州茶区农家乐不知提高了多少个版本档次，已成规模，未成品牌，用心去发现杨梅岭的民宿，一点也不会逊色于莫干山的民宿。

每一家民宿，或在露台，或在阳台，或在门前的小院，或在大堂都设置了茶吧。这是必须的，到了杨梅岭，到了这杭州西湖龙井的核心产地，到了狮峰山麓，又怎么可能不品茶呢？

茶香慰远客，一杯茶里，记下的是永远抹不去的浪漫的记忆！来过，总觉得未曾离开！

柴门小扣，待君来！

我在呢，你来吗？

杨梅岭——都市的世外桃源，除了有茶，还有我们的诗与远方……

第三辑

万里茶道上
的中国茶

万里茶道，是继丝绸之路衰落之后在欧亚大陆兴起的又一条重要的国际商道。

起点福建武夷山，东接海上丝绸之路，西承丝绸之路，开启了新一轮的华茶国际贸易。

从武夷山到恰克图，绵延 4000 多千米；从恰克图再到欧洲各城市，绵延又 9000 千米。

华茶风靡，始之武夷山，途经江西、湖南等中部产茶区，为人类留下了近代华茶的溯源。

那一年，在武夷山

■ 孙状云

武夷山我来过，武夷山我又来，我断定我还会无数次来。

去武夷山都是为了茶。武夷岩茶、大红袍、水仙、肉桂，如心头的偈语。

茶界的人去武夷山，多数人去的是武夷山的度假村。武夷山的茶企们像淘金似的聚集到度假村的街上，敞开门面，坐在茶桌上，泡开相信很多人都无法记得清的统属于武夷岩的一个又一个品种，空气中仿佛也飘拂着沁人的茶香。

我们爱普洱，也爱岩茶。

只是岩茶的水很深，要想喝个明白其实很难。

记得文学家范仲淹曾写过："溪边奇茗冠天下，武夷仙人从古栽。"先把九曲溪、天游峰、大王峰离奇的山水放在一边，也刻意不去看被茶人们夸上了天的马头岩、牛栏坑等著名产区。

因注册了牛栏坑牌商标的王国祥先生的引见，第一站便见到了荣获斗茶赛大红袍状元的叶晓霞小姐。开泡便是状元茶金奖大红袍。开头的调子起得有点高了，接下来的茶还怎么喝，我有点担心。

武夷山的茶，是茶人的茶。我曾经说过，武夷山的茶人都很自负，谁都不会服了谁。四大名枞：大红袍、白鸡冠、铁罗汉、水金龟，还有各大名枞、奇种小品种，如半天妖、白牡丹、金桂、金锁匙、北斗、白瑞香等等，武夷山可以说是中国茶叶品种的资源圃，一品一茶，加上诗一样的名字，你根本记不住也品不完全。近年来，武夷山的茶农又特别强调了山场产地，正岩、半岩、半正山（岩）、外山（岩）、三坑二涧、七坑八坑、七肉八肉，其中马头岩、牛栏坑产区的茶尤为推崇，市面上出现了"马肉""牛肉"之说，以能喝到"马肉""牛肉"为荣。

再加上第一批 12 位非遗传人，也就是制茶大师，第二批 6 位非遗传人，国家级、省级的、市级的大师，江湖传说的"四陈、三刘"，你听说过吗？还有各种组织举办的斗茶赛每届的大红袍、肉桂、水仙的单品状元们。不管是横着喝还是竖着喝，都已云里雾里了。

肉桂在香，水仙在味，大红袍是香与味的完美结合，岩茶的最高境界是岩韵花香（也有说岩骨花香），那个花香还能品味与理解，岩韵呢？生长于丹霞地貌的岩间地边的岩茶，内含物质丰富，滋味常常带有醇厚绵长、回甘永久的山野气息，乾隆品茗谓之为"气味清和兼骨鲠"。在食管在喉结有一种可追寻可玩味的甘醇，让人沉醉，所谓"花香易解，岩韵难悟"，一切全靠经验与体会。

到王国祥（祥岩茶厂）家，当然喝他们家的牛栏坑 1 号了。王国祥说，牛栏坑的商标，已被他们家祥岩茶厂注册了。"牛肉"也自然是他们家的特产了。牛栏坑 1 号，是我喝到过的顶尖的"牛肉"了。我曾说过："喝肉桂，必先闻其香，那种幽香带着茶香的本真，不艳不俗，不迷离，不浮漂，恰如修为到家了的清纯女子，气质与涵养，闻香可以识人，不识其面，亦可以想象出她的美丽来。肉桂的香是独特的，有人说是果香或是桂皮的香，这样的话说得有点俗了。再品其味，芳香已让你动容了，滋味只求入味，别抢走了那香的风头，原来她在那灯火阑珊处，此味可待成追忆。"

在武夷山，我有很多很多茶友，我刻意控制着发微的频率与数量。我不想打扰太多的人，尤其是那些光环四射的大师们。四方茶友、八方粉丝，早已座无虚席了，一律没有接我的电话，那两位曾经有约过的茶艺家也没有给我来电话，一定是他们忘了曾经有过的相约。

曾经荣获上海世博会十大名茶的天驿古茗董事长余培兴专门赶来我入住的宾馆看望茗边采风团，并盛情相邀去他那儿喝茶品茗，很让我们感动。

那个下梅村，是万里茶路之源头。位于万里茶路之源的天驿古茗，我们曾经到过。与余培兴董事长的相识是在上海世博会期间，一个企业品牌代表武夷山大红袍品类入驻上海世博会十大名茶，天驿古茗当之无愧是中国茶叶的国家队了。

后世博，遗憾的是天驿古茗没有像张一元、湖南黑茶、福鼎白茶那样借世博会品牌发力，可能是受了武夷山茶人名家之上的经营氛围，抑或是自身企业战略的束缚，在生存与发展的策略上过于求稳，过多的谨慎而失去了冲刺的机遇。

天骤古茗，那位于下梅村村头的工厂，我喜欢。透过泡茶台，透过落地长窗，看那层林尽染的秋色，望溪对岸如画的有机茶园，坐下来品一款款余总董事长精心推荐的茶，我真的不想走了。

这是一个茶旅茶修极好的驿站，门口一横匾：天下茶人是一家，看了就让人心里柔柔的，慕名而来的一拨又一拨茶人，相信都会有相同的感觉。这是一处真正的茶家，余董事长的慷慨，很多人觉得这个茶家是实至名归。在三楼的评样室，大红袍、水仙、肉桂，低、中、高，按标准审评品鉴过来，它又像是个岩茶学堂。我发誓，未来我一定组织茗边书院茶研修班来茶修茶旅。

没有最好，只有更好。那一泡老君眉，泡得让岩茶玩家吴姐赞不绝口，天骤古茗的当家茶品是老枞水仙，水仙在味，太多的茶品已让我们舌头麻麻，失去了辨别力。

我们折身去下梅村，古丝绸之路的万里茶路从这里开始。旧时的辉煌在那里，这个几近原生态的古村落，我们走村串巷，在一家又一家依然富丽堂皇的地主土豪家祠堂前伫立寻思：万里茶路，融入"一带一路"，茶是最有中华民族文化元素的产品，中国茶，世界品，是所有中国茶人的中国梦，也期望位处万里茶路之源头的天骤古茗肩负起国家队的使命，重塑世博名茶之雄风，走出武夷山，走向全国，走向世界。武夷山的茶品牌里，也只有天骤古茗有这个实力和潜质。

很多次去武夷山，曾经都有一个人做我们的向导和陪同。我与孙蔚秘书长不约而同地想

到了这个人，她便是我们最最尊敬的敬阿姨（已故著名茶人姚月明的夫人）。记得敬阿姨领着我们去一家又一家武夷山的茶企，她还赠送过我们二十多家厂一式三份大红袍、肉桂、水仙的茶样，这是让我们熟悉、了解武夷岩茶最好的学习样，我的岩茶品鉴基础就是这样打下的。敬阿姨走了。我们遵着她曾指引的方向去找茶，瑞泉是首选。

位于风景保护区北门不远的瑞泉，被黄家三兄弟打理得更像是一个庄园和博物馆。二楼落地长窗外的翠竹仍在，我坐在那个对窗的位置上，忆想着敬阿姨曾经陪同坐过的位置，她的音容，她的笑貌，仍在那里。我坚信，此刻，她在那里。

老二黄圣亮是非遗传承人，素心兰是他的大师杰作。吴姐此前喝过素心兰，私下曾嘀咕过：能喝上黄圣亮大师的素心兰，这是有福了。今天不仅喝了，还每个人送给两泡。

在武夷山，除了"牛肉""马肉"的传奇外，诸多非遗传承人即大师们都有自己的看家之作。自从金骏眉首开高价茶风气后，大师茶及一些品牌的看家茶以神品奇品时兴并扬名于武夷岩茶的江湖，如单价过五万的曦瓜海西一号，单价过十万的岩上空谷幽兰。此处还有竹缘堂纯种大红袍、金宗北斗问宗、红牛、牛首、心头肉、剑指樱花、六木飘香等，单价均在数万到十万元不等。

这也是我们执意不轻易去拜访大师们的原因，尽管华巨臣都为各家大师打出了专场品鉴会的标语。我们认为这样价格虚高的大师茶和名家茶，并不能代表武夷岩茶的产业方向。

去非遗传承人刘锋家，是茶友黄老邪刻意

引见的。那一泡王威王由刘大师亲泡。品后，我毫不犹豫写下：天下竟有此茶，喝过王威王，天下无茶。

茶汤滑入口中，在味中寻香，在香中玩味，一点不假。它有西湖龙井的豆花香，有太平猴魁的猴韵，有铁观音的清香神韵，有普洱生普古树的霸气，有岩茶的岩骨花香，有红茶的甘甜回味，此番意境，高山仰止，可以气死宋徽宗。

这是刘锋与他儿子刘峥共同创作的作品。他们从品种改良入手，创造性地采摘嫩芽叶为原料，并通过创新工艺而创造了可以说是前无古人、后无来者的旷世神品奇品。据了解，刘峰父子俩得到了原先动议制作金骏眉的北京某商人的指点。如果说金骏眉为红茶带去了革命性的创新，引领了整个红茶的发展，那么这款在传统中创新、在创新中求改革的王威王一定也会推动传统岩茶的革命。

好喝，才是硬道理！后来才知道，《茶道》杂志专门为王威王在九曲溪畔的永乐天阁举办了声势浩大的专场品鉴会，我们是拨了茶道的彩了。

我说过，好茶是在曾经的记忆中，在未来的期待中。

这一路的茶，让我永远记得：这一年，在武夷山，我们沉醉于芬芳之中！

寻访大红袍母树，跋涉天游峰，漂流于九曲溪，武夷山的山山水水，在所有茶人的眼里，都是为武夷岩茶作背书的。

武夷山，我们无数次来过，我们还会再来！

那一天，在桐木关

■孙状云

写下这个题目的时候，我心里咯噔了下。

那一天，是的，在那一天，我们去了桐木关，度过了整整美好的一天，在茶香里沉醉，在犹如世外的山村忘了归途。

去桐木关的初心，原是应了麻粟的一位朋友的邀请。2016年的暑假期间，麻粟的一家企业在中国茶叶博物馆开品牌推荐会。品过他家的茶，浓烈的山场气，霸气十足的醇厚滋味，给我留下了深刻的印象，他说他们家在桐木关上面的山坳里。桐木关，我与范师兄和胥滨专程去过。

原生态的环境，正山小种的发源地，再加上金骏眉的发祥地，让喜欢茶的我等忘情得不知所以然。那一次因没有与方方面面预先联系，没有进正山堂，也没有进骏德家喝上一杯原产地的茶，遗憾至今。

负责接待的桐木村村民赵聪，如数家珍地拿出了他自己制作的桐木关野茶，喝得也其乐无穷。参观过正山小种炭焙制作坊老厂房"青楼"，在小赵他家开的自然山庄美餐了一顿。望着那一条清澈见底的溪流，抬头仰望蓝天白云，瞭望到处原生态的恍如世外的自然环境，当时便发心，我要带我们的小伙伴甚至更多的茶人来。

除了这一个桐木村，还发现了新大陆麻粟，到了武夷山，怎么可以不来桐木关呢？

这一次，通过方方面面的关系联系了正山堂，联系了桐木村的父母官胡永飞村主任，也联系了麻粟的朋友。

麻粟的朋友说茶博会跑不开，说麻粟在修路上不去。作罢吧，麻粟！桐木关还是坚持要去的。

自己租的车，感觉让别人派车来接要自由得多。

那一年被拦在正山堂厂门外，没法进厂去，很遗憾。这一天进了正山堂在桐木关的工厂，坐在那犹如会议室的品茗室里，感觉与我们司空见惯的茶厂并没有两样，被安排刻意观看宣传片的印象很差。声名在外的正山堂文化里怎么没有现场讲解员及专门服务宾客的茶艺小姐呢？

见过老大江元勋，在工厂门外可以视作桐木关一景的正山小种发源地和金骏眉发源地的石碑前合了影，我们直奔桐木关的牌楼而去。

由胡永飞村主任作陪，这是到此一游的旅行，合影纪念。

问去不去附近的山神庙，同行的很多人似乎不感兴趣，所以作罢。但我上一次是去过的，并有过哲理般思索：首先是为什么要将一个庙宇建在远离村庄远离了人群的高山顶上？一座庙宇的香火兴旺，是住持为上还是庙宇为上？得出的结论是：有住持必有庙宇，有庙宇会有住持，但未必主持。引申开来便是，有的人离开平台，什么都不是，有的人则可以创造平台。

事隔两年，又一次坐在赵聪家开的自然山庄餐桌前，我依然想着，对于那些来自城里的茶友，吃原生态农家菜，喝纯正发源地正山小种红茶，在如同世外的桐木村住上几日，一定不会拒绝的。小赵家正在盖五层楼排屋，有二十多个房间，作为茶旅的接待点是一个不错的选择。

吃完饭，我们去溪边玩耍。童心由哗哗的溪流而焕发。溪水一览无余地向前流淌，倒映着蓝天，倒映着白云，倒映着两岸葱茏的树影。镜

头按下，随意方框都是极好的风景。

我们去那个烟熏正山小种的烘焙老作坊"青楼"参观。这堪作为文物的老作坊木屋应该保护起来才是啊！四百多年正山小种的历史，留下的文物并不多啊！

去梁骏德家喝个茶，是我临时动议的。曾经与梁天雄有过一面之交，打电话过去，天雄兄竟然还能听出我的声音，他说他在度假区茶展会，安排家人来接待我们。

领路，带我们入室，并忙着张罗泡茶的一位老人家，后来才知道竟然是梁骏德先生本人。

天雄之哥梁天华向我们介绍了骏德茶厂的情况。

话题自然绕不过那场轰动业界的"金骏眉之争"。

听完介绍，我们明白了，这其实不是什么之争，而是一个家里的事各有说法。梁骏德原先受聘于蒋元勋的工厂，负责技术加工。首泡的金骏眉由他制作发明，制作地在正山堂正山小种红茶厂。正山堂工厂外树了块牌，说是金骏眉的发祥地，骏德茶厂内树了块牌，说是首泡金骏眉制作人，各有所得。

金骏眉创始于 2005 年 6 月 21 日，由两个北京的商人（玩家）动议。最早动议做一款超过正山小种红茶品质的极品级茶是在 2003 年，由于要求采摘细嫩芽叶，怕影响了产量，一直没有实施。2005 年 6 月 21 日，进入夏茶了，在两位北京玩家级商人的催促下，采摘了细嫩的芽叶，因是夜间，用小太阳日光灯照着来萎调。萎调后，在玻璃板上揉捻，然后包成一个小包发酵，不烟熏烘干。产品面世后，嫩芽叶所独有的清香与回甘让人觉得别有滋味，后来反复试验，稳固了工艺，保持了品质稳定。因采摘标准不同，除金骏眉外，有银骏眉、铜骏眉。铜骏眉如今改名为小赤甘。金骏眉之骏即为制作人梁骏德之"骏"。

没有想到金骏眉投放市场会受到这么多人的欢迎，这是创新工艺带来的产品创新。金骏眉引爆整个全国红茶市场，这是当时没有料到的。

由正山小种、小赤甘一款款品过来，没想到，天华与梁骏德老先生不约而同地提议要让我们品一下金骏眉。

茶在那里，品与不品已经无关紧要了，品梁骏德先生亲自制作的金骏眉，这是一种至高的礼遇！

环顾骏德茶厂大楼的各个品茗包厢，宾朋满座，一拨又一拨全国各地的茶人慕名而来。听到离开时大家的欢声笑语，我敢断定：那一天，在桐木关，有些场景会让人记忆永远！茶人之间的真诚，是心照不宣的！

置身其中 妙不可言
——记武夷山之行

■张凌锋

这是我第二次去武夷山了。

这让我想起了两个小故事，先与大家分享一下。曾经，我因为这两个小故事造成了对武夷山或者说是武夷岩茶的偏见，而此次武夷山之行改变了这个想法。

第一个故事是关于岩茶的名字。

当我还在读大一的时候，我的茶艺老师说她最喜欢的茶是岩茶，那种透骨的香让她陶醉。而当时作为班长的我突然插嘴说道："岩茶是指茶中放盐吗？"然后全班爆笑。老师让我自己回去查资料什么是岩茶，再于第二次上课时与同学们分享。

如今回想，若那时的我利用这个查漏补缺，借出尽洋相的机会恶补岩茶，说不定我现在已经是岩茶专家了。然而我没有。

第二个故事是关于岩茶的滋味。

大二的时候学校开设了审评课。由于天生的感官系统偏差，对于各个茶类的滋味感知甚弱。直到开始审评岩茶的时候，一切还是没有改变。早上饿着肚子去上课，对着比中药还苦的岩茶心里别提有多抗拒了。因为抗拒所以不热爱学习。

如今回想，若那时我不抗拒，好好学习，哪怕不是专家，也会说出些岩茶独有的香气特征、滋味口感。然而我还是没有。

上一次来武夷山是我们的实习课。因为前面两个小故事，导致实习时并无兴趣于茶叶本身，更专注的是游玩与完成作业。庆幸的是，作为"茗边采风团"的一员再次踏足武夷山，这一次在领略武夷山水的同时，也完成了自己对武夷山茶偏见的转变，特作此文，以记此行。

谁家院和茶博会：牢靠的路数

这两者之间，看似没有联系，其实在本质上有着千丝万缕的关系。

参加过那么多茶博会，这是第十届海峡两岸茶业博览会，十年来早已千变万化。现在的茶博会相较以前已经不再是简单的产品销售与展示，更多的是作为一种加强联系的手段。日成交额不再是衡量企业成功的标志，所谓细水长流、绵延不绝。

我看到现在很多参展商一张红纸、两扇木

门就开张了，真有种京剧《沙家浜》里"垒起七星灶，铜壶煮三江。摆开八仙桌，招待十六方"的气势。茶博会建立上联系，实体店实现线下交流，最后线上交易，多少也有点拿破仑的"三招式"。

而谁家院是一家集售卖、讲座、演艺、茶旅、住宿、培训于一体的茶空间。名字不知是否取自《牡丹亭》"良辰美景奈何天，赏心乐事谁家院"，不管是不是，看似简单的设计处处透露出主人的用心，大有赏心乐事的浪漫在。除此之外，谁家院的创新是独树一帜的，将武夷岩茶烘干置入汽车靠垫里，经太阳一晒，满车生香，妙不可言。

谁能说谁家院不是茶博会的一个缩影？那晚我去的时候热闹得不比茶博会差，而他们采用的路数也大抵相同：建立关系比直接销售来得更加牢靠。

瑞泉和天驿古茗：传承的魅力

一个是传承 12 代人 300 余年的岩茶世家，一个是国礼级大师茶的世博会十大名茶企业。

传承和坚守是对他们的肯定。

没有经销商，没有加盟店，也没什么宣传，刚上市就销售一空，不得不说这是他们家茶叶的魅力了。乾隆皇帝在《冬夜煮茶》中写道："就中武夷品最佳，气味清和兼骨鲠。"说的就是建于乾隆初年的瑞泉茶厂的"岩韵"之力，而天驿古茗的茶也在上海世博会荣获十大名茶之称。从古至今，从国内到世界，武夷产茶，一直都在扬名立万。

瑞泉：素心兰

这是武夷岩茶中的一个小品种，瑞泉黄圣亮的父亲就一直致力于小品种的制作。当武夷岩茶是肉桂的天下的时候，很多茶农都把小品种茶园开垦种上肉桂。而瑞泉没有，正是这种坚守才让世人喝到这款透骨心扉的素心兰。一泡素心兰，岩骨花香，岩韵深厚，回甘持久，用采风团里吴姐的话来说就是"喝到后来就跟喝糖水一样的"。十余泡之后，香气不见，滋味虽不似前几泡浓烈但依旧醇厚甘甜，大有"肌骨轻"的成仙之感。也正是这一泡素心兰，让我彻底改变了对武夷岩茶苦涩的偏见。

喝过素心兰才算喝过瑞泉。

天驿古茗：老君眉

说起老君眉，大家最先想到的就是《红楼梦》中妙玉和贾母对话的桥段。据说经过科学研究，贾母说的"老君眉"就是产自武夷山的岩茶。这也是武夷岩茶的品种之一。

天驿古茗的这泡老君眉香气馥郁持久，滋味甘醇，也算得上是好茶中的好茶。

天驿古茗的茶伟大之处还在于连接了世界。打造国礼级大师茶，这是对制茶之道的精神恪守，是数代武夷茶人与大红袍虔诚的对话；是经过水与火的层层历练。茶，百忍成香；人，百炼成师之大者。一个地球，一个联合国，一杯中国茶，大有深意。

下梅村：

因茶叶而兴，也因茶叶而衰的古村落

下梅，处于梅溪的下游，故此得名，在茶史上具有举足轻重的地位，是万里茶道的起点、万里茶路的第一站。

对于武夷山深处飘荡着茶香的下梅村，宋代诗人杨万里曾在《过下梅》里这样写道："不待山盘水亦回，溪山信美暇徘徊。行人自趁斜阳急，关得归鸦更苦催。"几百年前，下梅应该还是养在深闺人未识，尽管斜阳西沉、归鸦苦催，尽管只是惊鸿照影的匆匆一瞥，但她那沉静的美仍引得诗人频频回首。

在今天，如果你碰巧路过武夷山，又正好喜欢喝茶，在看尽山环水绕之后，不要忘记了这个名叫下梅的古老村庄。茶叶是福建的支柱产业，也同样应该是下梅的。由于陆路运输的成本高昂，水路成为最好的交通工具，当时的下梅当溪竹筏来玩，热闹非凡。一路由下梅往上，晋商带着茶叶通过山西杀虎口，进入内蒙古直达俄罗斯恰克图，称为走西口。自古东方的茶叶就开始连接着西方。

曾几何时，盛极一时，但是随着中国茶叶出口垄断地位在近代没落以及交通的变化，下梅村也随之衰落了。但是这一点并不影响下梅成为茶史上浓墨重彩的一笔。

如今的下梅，依旧安详平和，依旧茶香四溢，这种自古茶文化留下的底蕴是不能抹灭的。希望这座兴也茶叶、败也茶叶的古村落，如今借着新思路的茶文化发展模式可以重新绽放辉煌。

正山堂和梁骏德

一个是正山小种和金骏眉的发源地，一个是首泡金骏眉制作者。

正山堂，喜欢武夷红茶的朋友都会很了解，其地位正如一句广告词一般："加多宝，凉茶领导品牌"。在此我就不多说了。

金骏眉的大名很多人只闻其名，不见其茶；很多人望而却步；很多人为之发狂……

确实，金骏眉的横空出世迅速填补国内红茶市场。据梁骏德老先生介绍说：2005年以前全国的红茶市场几乎没有。大家都认为带有烟熏味的正山小种是不合格的茶，无人问津。后来在两位北京茶资深玩家的推动下，梁骏德老先生用鲜嫩头春芽头，第一次采用无烟加工工艺，在正山堂的车间里做出了一个香气滋味极好的茶。因是梁骏德所做，又因干茶似眉，取名骏眉。后又采用不同批次的原叶加工而成不同等级的骏眉，又取名金骏眉、银骏眉、铜骏眉，现在市场上所说的赤甘就是铜骏眉。

正山堂之所以有金骏眉发源地的说法，正是因为第一泡金骏眉是在正山堂的加工间里诞生的，梁骏德老先生是首泡金骏眉制作者。

如今金骏眉价格虽比早些年下降了不少，但依旧算高，原因之一就是金骏眉茶叶产区在桐木关。

桐木关内的生态环境保持得非常好。因为景区是封闭的，少有人至，猴群下山与人为乐，就连把守关口的阻车杆都需要人工升降，可见这里无工业、无污染，因此也是桐木关极负盛名之所在。

品一泡梁骏德老先生亲手所制的金骏眉真是三生有幸。花香蜜韵，无法形容。

呵，那一股岩骨花香与松香蜜韵，实在是令人难以忘怀，连我这个素来不爱喝岩茶的人都能喝出透骨通仙灵的感觉，也就只有"神奇"二字能够形容。

关于武夷山的神奇，你可以自己来体会。

用一盏武夷茶，品尽整个武夷山的文化，都在这一盏茶里。

此刻我只能想到闻一多的一句话：请告诉我谁是中国人，启示我，如何把记忆抱紧；请告诉我这民族的伟大，轻轻地告诉我，不要喧哗！

当然可以改成这样：请告诉我什么是武夷茶，启示我，如何把记忆抱紧；请告诉我这茶叶的伟大，轻轻地告诉我，不要喧哗！

然而我轻轻地告诉自己：置身其中，妙不可言。

喝一杯石门茶去，我也禅悟了

■孙状云

"大湘西"品牌集群推介的四个子品牌里，我选择了石门银峰先作采访。长沙至石门的路途有些遥远。连夜出发，长沙至石门4个多小时路程，到石门已经是半夜12点多了。

在通往县城的"景观"大道上，两旁的路灯电线杆上，挂满了"茶禅一味"的宣传标语，石门县以"禅茶"为名片，打造"禅茶之乡"，已经不只是口头上了。

第二天，由石门县农业局茶叶科的龚仕斌老师陪同去看茶厂茶园基地。在这个季节看茶园，其实看与不看都是一样，一样的茶园，不同的风景，相同的风景，不同的茶园风光。都喜欢的，每一处茶乡都是爱茶人的心灵驿站。

很想去夹山寺待上半天，也很想去那个碧岩泉禅悟茶修一下。

特色文化小镇——夹山禅茶小镇已经被石门县列为"中国禅茶之都"系列项目之一进行重点打造，尽管还没有商贾入驻，还没有形成游人如流的商业氛围。龚仕斌老师没有带我们去新落成的禅茶小镇走一走，也没有介绍它与石门茶产业相关联的未来与愿景。

在跨入通往碧岩泉廊桥的那一刻，心情是复杂的，既兴奋又有些胆怯。我知道我们即将要去"见"的是一位高人。他在那里，在碧岩泉后的石壁上现身了，仿佛听他在问："酽茶三二碗。"我答："俗客二三人。"暗号对上了，他又问："何为夹山境地？""猿抱子归青嶂岭，鸟衔花落碧岩泉。"又问："茶禅一味。"答："禅茶一味。"呵呵！他在那里，我心里窃喜。

画在廊桥画栋上的那位说道并书"茶禅一味"的僧人应该就是圆悟克勤禅师。他手捧《碧岩录》在那里示训诸位门生弟子。秋虫的低鸣化作了梵唱。

在过去，禅是不能说的，言语道断，"妙高顶上，不可言传，第二峰头，略容话会"。"教外别传，不立文字"的禅，到雪窦重显禅师著《百则颂古》，开了文字禅的头。圆悟克勤以《雪窦百则颂古》为底本，在每则公案之前讲一段"垂示"，而在每则公案的"本则"及"颂古"句下下"著语"，又在后面作一段"评唱"，编汇成《碧岩录》。使之禅林争说公案成风，在普及了禅的同时，也使需要见性、顿悟、意会的"禅"流于了形式。

《碧岩录》成"禅门第一书"。有了文字

禅后，禅宗发展到后来，便有一些自命不凡的禅师、高僧喜欢咬文嚼字，使禅语、禅偈盛行。雪窦杀人不用刀。

语出机峰，高僧对禅师，总免不了一场唇枪舌战。《碧岩录》是禅宗公案的启蒙、解悉、普及书，禅悟不了，依照着先贤的说辞，辩论对答几句，也就非禅即禅了，所以圆悟克勤的得意弟子、大慧宗杲要烧了《碧岩录》禁止流通，也不是没有道理。

我们是因茶而来的，我刻意说，只问茶、不问禅。可是在石门在夹山这样的地方，又怎么绕得过那个"禅"字呢：除了大动土木正在兴建的中国禅茶之都（夹山禅茶小镇）外，还有各种名堂的禅茶文化产业，禅茶文化广场、千亩禅茶园、禅茶老街、祖庭茶禅院、禅茶生态园，等等。

还没有去夹山寺呢，这一个碧岩泉，便让我流连忘返了。这样一处有着千年历史的景点，虽然有些简陋破旧，但历史的碧岩泉还在那里，泉水清澈，舀一勺来喝，甘甜清冽，一口沁心。抬头去天空寻觅那一只吉祥鸟，鸟衔花落碧岩泉，我不得道，却可以着了这个境。

至于那个"夹山境地"，我还是没有想得很明白。

"猿抱子归青嶂岭，鸟衔花落碧岩泉。"境是着了，我恰如那个没有开悟的秀才。师傅是破题了，可是这个"夹山境地"与茶与茶禅究竟有什么关系？

比夹山寺善会禅师更早，柏林禅寺从谂禅师便有了赵州"吃茶去"的公案。

茶与禅的关系，从那一句又一句"吃茶去"的回答里，一些人明白了，茶即是禅，禅即是茶，但仍然有一些人始终不会明白，茶怎么是禅，禅又怎么是茶呢？

且看《五灯会元》南岳下四世这一段中，沩山灵祐禅师法嗣与仰山慧寂禅师的问答——又问："和尚还持戒否？"师曰："不持戒。"曰："还坐禅否？"师曰："不坐禅。"公良久，师曰："会么？"曰："不会。"师曰："听老僧一偈，滔滔不持戒，兀兀不坐禅，酽茶三两碗，意在镢头边。"

再回过来看《祖堂集》的"夹山倾茶"及"夹山境地"的公案，夹山和尚自号佛日，师父问他："日在什么处？"对曰："日在夹山顶上。"师令大众地次，佛日倾茶与师，师伸手接茶次，佛日问："酽茶三两碗，意在镢头边，速道，速道。"师云："瓶有盂中意，篮中几个盂？"对曰："瓶有倾茶意，篮中无一盂。"师曰："手把夜明珠，终不知天晓。"罗秀才问："请和尚破题！"师曰："龙无龙躯，不得犯于本形。"秀才云："龙无龙躯者何？"师云："不得道着老僧。"秀才曰："不得犯于本形者何？"师云："不得道着境地。"又问："如何是夹山境地？"师答曰："猿抱子归青嶂岭，鸟衔花落碧岩泉。"

酽茶之中有真意，夹山境地问禅机。

佛日是有些调皮的，严师在上，给严师倾茶，由给茶与受茶，引出了"不得道着老僧"，不得道着境地，由此境喻此心此情此理此意此景，直抵心意的了悟了。

如夹山寺进门便见得那个亭子正面有联："直心：一池水观善恨，两杯茶看人生。"亭子背面是"平常：本来无一物，何处惹尘埃？"

禅宗的道场，本来就是追求清静的。师傅们估计是说禅说累了，去休息了，寺院空寂得听得见自己的呼吸声。

石门人把夹山寺称作"禅茶祖庭"，并建起了一个大大的牌坊，上书一副对联："茶禅禅宗宗祖夹山寺，禅茶茶水水源碧岩泉。"

我们这样刻意而遥远地来，带一种朝圣的虔诚，不管有些茶史史料缺乏考证，只是石门

夹山人的一家之言。按一位茶文化专家老师的说法，一家之言也是言，我们要以足够的耐心与包容帮助石门的禅茶文化研究者去梳理、发掘禅茶文化资源。

酽茶三两碗，俗客两三人。

夹山寺，在这个秋日的下午，我们来过了。

夹山寺司空的山水里，处处显示禅机。

在那个装修有点像皇家花园的祖庭茶禅院里，终于喝上了夹山的"禅茶"，我记得那一句：茶如人如大千世界亦如此。禅修早已不是僧人与禅客的专利了。"禅，禅那、禅修，就是想找到一种方法或静滤或修炼或禅定或彻悟那颗岁月让人苍老了周遭让人委屈，世态让人世故，忙碌让人疲惫，利益让人功利，功利又让人庸俗了的百变之心。"

到石门，是一次寻根禅茶文化之旅，更是一次茶修之旅。

不是说司空山水皆示禅机吗？

那一个秋日在石门白云山茶场，坐在那参天的水杉华盖庇护的林间石桌上，依稀听见了雄鸡的唱白，不知名的秋虫作禅悟般地唱颂。在这样的环境里，摆下一方茶席来喝茶，这将是一杯让人永远无法忘怀的茶。

"瓶有倾茶意，篮中无一盂。"

陪同的吴华清先生带我们去看白云山茶场最亮丽的茶园，并告知，茶园所处的位置，原先是华盖葱茏的树林，砍伐了，开垦了，变成了现在的茶园。茶树与林木相间，依然是一片葱茏，茶山、白云、雾霭、蓝天相映，这是又一处的"羊岩"。国营的白云山茶场，据白云山茶场秦国杰场长介绍，这里产的茶叶，最高

时亩产值达到 2.3 万元，2016 年 2000 亩茶园的平均亩产值达到 2 万元，又是一个不愁卖的茶家。

请喝了一杯石门茶去。

石门白云山茶场目前卖的是有机茶，"石门银峰，自然好茶"，全县几十家企业销售的，也是产自淳朴的农场的生态茶。

石门银峰这一品牌，如果在好的策划下，用互联网＋旅游＋茶修＋禅茶文化＋大湘西品牌＋石门银峰聚焦等思路与营销手段……其前景是不可估量的。

明代张观早有断言：此地清幽宜养静，何须入海问蓬莱。

采访结束时，龚仕斌老师将石门渫峰名茶有限公司董事长、石门茶叶协会副会长覃小洪先生介绍给我们认识。在县城的大湘西茶叶专卖店里，银瓶对玉盏，这一杯茶喝的也是"秋林归庄"了。天时、地利、人和的石门茶产业，最缺的应该是人才吧！一个茶痴遭遇了又一个茶痴。在覃小洪董事长滔滔不绝的激情介绍里，我们了解到：目前石门全县农业产值 4.8 亿，全产业链约在 8.5 亿，相信在不久的未来，石门茶产业通过"全国有机茶生产加工中心、中国禅茶文化传播中心、武陵山片区茶叶商贸流通中心"的打造，在文化旅游的带动下，实现新的腾飞。

喝了这杯石门茶去，我也禅悟了。

蓬莱山何处？

在大湘西的地界里，不问卢全，问教授！问我们尊敬的刘仲华教授！

第四辑

乡 村 振 兴
的时代赞歌

　　茶是一项民生工程，关乎乡村振兴，关乎精准扶贫，关乎民生经济。

　　"因茶致富，因茶兴业，能够在这里脱贫奔小康，做好这些事情，把茶叶这个产业做好。"茶叶已发展成为现代农业的主导产业，助力脱贫攻坚的支柱产业，实施乡村振兴的打底产业，当地农民稳定增收的当家产业。

　　无论是安吉，还是贵州湄潭凤冈，都是用茶在唱着一首时代的赞歌。

这茶山，就是金山银山

■孙状云

茶在，我们在。

我们说过，每一处茶山，都是喜欢茶的人的心灵后花园。

到过无数的茶山。安吉东坞林龙王山基地茶园是我们见过的无数块茶园中最独特的一处，它是个品种园，几乎集中了全国所有白叶茶的品种。处于采摘期变异白化时的茶芽，呈嫩黄色或金黄色甚至鹅黄色，这是一个一望无际、色彩斑斓的世界，它犹在绿中，但又不是绿，与相间茶园的绿树成明显的色差。午后的阳光倾泻在山涧的茶山里，一行行沁人魂魄的黄绿令人目不暇接，由近而远，环顾极目处的四周，一行行的嫩黄色成波浪，由近而远或由远而近波涛翻涌。满目的黄绿，这是怎样一个世界啊？文字的描绘有些苍白，眼睛看不过来了，用心灵、拿相机作 360 度全景不停拍摄，任意的取景都是一幅幅极美的图片。

我们错过了当旺的采茶季，在那一片色彩斑斓的茶山里，如果再布上动态的漫山遍野采茶女采茶的场面，那会是怎样的一种震撼场景呢？

依然有人在采茶，三三两两，构不成大景，亦是一幅好看的春山茶事小景。

东坞林的茶山，还处于原生态的基地模式中，没有游步道，没有造景的凉亭，没有刻意间种的景观树，巍巍一座茶山，便自成景观。安吉白茶的自然资源太富有了，富有得将如此美丽的一座座茶山成为秘境，或许是"一片叶子，富了一方百姓"，安吉白茶产业的强势，忙碌而幸福地忘情于第一产业的丰收而无暇顾及三产的融合。民宿、观光茶园、茶旅，在安吉已有安吉帐篷客溪龙茶谷度假酒店、安吉溪龙万亩茶园、溪龙白茶街这样的样板地，但很多地方仍是处女地。

"绿水青山就是金山银山"，安吉的茶旅融合还仅仅停留在茶人问茶的原始发展阶段，品牌茶企只是将工厂变成了卖茶的体验点，真正将茶园变景观的茶旅还没有提上议事日程。也有茶企搞起庄园式的工厂，建起了茶博园，但总体的产业依然处于产品经营向品牌经营过渡阶段，与大旅游背景下三产融合的茶旅仍有很大的距离。安吉的茶产业，采摘只一季约半个月，茶厂加工一个月左右，营销几个月，这是远远不足的，全年的文章应该做在茶旅融合的茶山上。

只要成风气，人来多了，偏僻的茶园自然会成为景区。不是所有的茶园都能成为景区，但安吉是可以的，天时、地利、人和，当17万亩茶园不可能进一步扩大时，位处白叶茶类宝塔尖的安吉白茶，该是考虑做精做细产业、规划产业转型升级、拓宽产业链，从产品、品牌营销转向文化经营转变的时候了。

"一片叶子，富了一方百姓"，富裕了的安吉人，那些绿水青山下的家园，那作为安吉城市名片与文化灵魂的安吉白茶，一切不是物质层面的，一切皆可以成为精神的丰碑！安兮！吉祥！这是一个福地，这么喜欢茶，又怎能放过朝圣的茶季呢？

茶香社会核桃坝，你学不来

■孙状云

　　湄潭的核桃坝，是因茶致富、因茶兴业、以茶为抓手实施美丽乡村建设，实现脱贫攻坚乡村振兴的典型，在 20 世纪 90 年代中期，便是远近闻名的小康村。

已故的核桃坝老支书何殿伦在 20 世纪 80 年代带领核桃坝的村民发展茶业，是一片叶子改变了核桃坝人的命运，曾经的核桃坝流传着一首顺口溜："核桃坝，几大弯，十年就有九年干。顿顿红苕苞谷饭，吃水要翻几匹山。一年辛苦无收成，大田变成放牛山。"因为干旱缺水，年年辛苦无收成，因为贫困，很多人选择离开了核桃坝。是茶，是这一片叶子，富裕了核桃坝。目前，核桃村茶园面积 1.2 万亩，茶叶企业 62 家，其中省、市级龙头企业 4 家，2019 年农民人均可支配收入 1.78 万元，比全省平均水平高出 7000 多元。

现下，很多的农村都以外出务工为创业首选，核桃坝人"上山采茶是农民，在家制茶是工人，进城卖茶是高人"。围绕着这一片叶子忙不过来时，还得雇人，从事采茶、制茶的外来务工人口达 3000 人。美丽的核桃坝，富裕的核桃坝，吸引本来是临时的打工者变成安家落户的新住民，核桃坝全村 859 户 3607 人，外来人口落户达 236 户 1325 人。早年的那一句"到湄潭去做农民"的广告词，当时没有深刻地理解，现在理解了。

茶是生计，茶是梦想的家园，茶是幸福的源泉。从老支书何殿伦带着大家干，到家家户户铆足了劲拼命加油干，从守护好家门前的茶地，到大江南北地推介推销，茶农变成了茶商，茶商又变成了茶企业家，小小的一个核桃坝村，竟然培育起了 62 家茶企，4 家省、市龙头企业。由村支书村干部带领引导，到茶农、茶企自主自我发展，市场化品牌经营，核桃坝天天在变化。

这一次去核桃坝，没有找村委会，去了"四品君"茶业和芸香茶业两家企业。

"四品君"茶业的负责人黄大灿告诉记者，互联网也给了他提升的发展机会。核桃坝作为西部第一茶村，远近闻名，身处乡村的他也尝试着快手直播带货。他最早的本意是美丽茶乡、幸福茶农的茶事生活可以让很多人分享，没想到播着播着，一不小心成了网红，已收获 90 多万"粉丝"，最多时直播带货一次能卖出 20 多万元。黄大灿还介绍"四品君"茶业此前注重发展线下的品牌专卖店，目前已在全国设立 70 多家连锁专卖店。后疫情时代，加上互联网的影响，未来会注重线上线下整合的新零售模式。核桃坝 1.2 万亩茶田，全部实现雨林联合认证，其中 3000 亩已获得有机茶认证。以夏秋茶鲜叶原料开发加工的核桃坝红碎茶，不久前获得俄罗斯的出口订单。

作为核桃坝村委委员的黄大灿，还给记者透露了核桃坝正在规划核桃坝村干溪沟经营性小茶庄项目。这是一个休闲度假文旅物业，从观与看的传统茶旅到买下一幢小楼，置几亩茶地，住在茶乡，体验做一名幸福感满满的茶农，核桃坝也就由经济产业下的自然茶乡蜕变为乡旅文化下的茶香社会。

接下来去芸香茶业。这是我们常见的将茶厂变观光工厂、品茶、购茶体验店的茶旅融合企业，配备有 10 多间客房，有餐饮，有自有茶园 3000 亩，2019 年接待团队与散客达 5 万人，拥有核桃坝村 1/4 的茶园，应该是核桃坝村最大的龙头企业了。据介绍，芸香茶业除了传统的专卖门店和茶旅接待经营外，也通过互联网推出了"认购一亩茶，分享一百斤茶"的众筹，全国有 80 多位爱茶人士成了核桃坝美丽茶园一亩茶地的主人。

核桃坝的模式，你可以学，四十年久久为功，持之以恒永不放松，以茶为主业，做精做细做深做大做强茶产业；核桃坝的模式也很难学，茶农、茶企、村委会集体共生共荣，和谐抱团，将茶乡变景区容易，将产业下的自然茶乡变人文的茶社会很难。

柔情与豪情并存的中国茶海

■张凌锋

此刻，静观一杯叶片上下浮沉的湄潭翠芽，我从那清亮的茶汤中，似乎看见了那片位于湄潭永兴的万亩茶海。

有句唐诗曰："气蒸云梦泽，波撼岳阳城。"用来比喻这片茶海也不为过。

浩渺烟波生快意，蒸腾霞蔚当豪情。

虽然早已耳闻，并在编辑杂志过程中运用永兴茶海的照片很多次，但当你亲眼看见之后，内心除了震撼还是震撼。

这是世界上面积最大的茶海，连片茶园近4.3万亩。1986年，时任贵州省委书记的胡锦涛同志在湄潭考察时称之为"万亩茶海"。

置身茶海，若晴日，则绿涛绵延、茶海扬波；若雨夜，则翻江倒海、乌蒙磅礴；若雾时，则云蒸霞蔚、气吞山河；若风起，则风吹茶浪、舞曳生姿……

探春日，桃李争春，看万紫千红开遍，采茶女忙碌的身影在万里碧波中，犹如"穿花蛱蝶深深见，点水蜻蜓款款飞"，采茶手上下舞动谱写春日里的律动，一首隽永的茶歌。

访夏时，热浪袭来，看满眼绿波，看生活的美好赞歌。贵州的茶不像江南的娇贵，同样是国家级良种，贵州的茶适应了贵州的气候环境，成为"摇钱树"：三季可采，造成了我们一路上随处可见的场景——或夫妻，或妇女，或一家三口，或姐弟，或老妪甚至还有带着襁褓中的婴儿来采茶的。成为夏秋季采茶主力军的妇女、老人、儿童画就了"可歌可泣"的贵州茶事图。茶确实已经成为湄潭乃至贵州人民脱贫致富的重要产业。欣欣向荣的时节中我们确实能感受到一派繁荣富足的景象。

茶，做到了一般农作物无法做到的，尤其是在贵州这个地方。

都说吃水不忘挖井人，这样一片面积达4.3万亩茶海的形成不是一日之功。那是硝烟烽火下走出来的豪壮之物。

1939年，是注定不寻常的一年。不仅是中华民族危难艰苦之年，亦是贵州茶产业始功之年。这一年，中国抗日军队在前线浴血奋战，保家卫国；在后方，一支茶军——民国中央实验茶场落户湄潭，张天福、李联标、刘淦芝等茶界泰斗先后科研实践于此；一支文军——国立浙江大学正式确定西迁湄潭办学，竺可桢、苏步青、王淦昌等科学泰斗先后教学耕读于此。

两支科教队伍在秀丽的湄江河畔不期而遇，碰撞出了别样的火花，在茶叶的种植、科研、

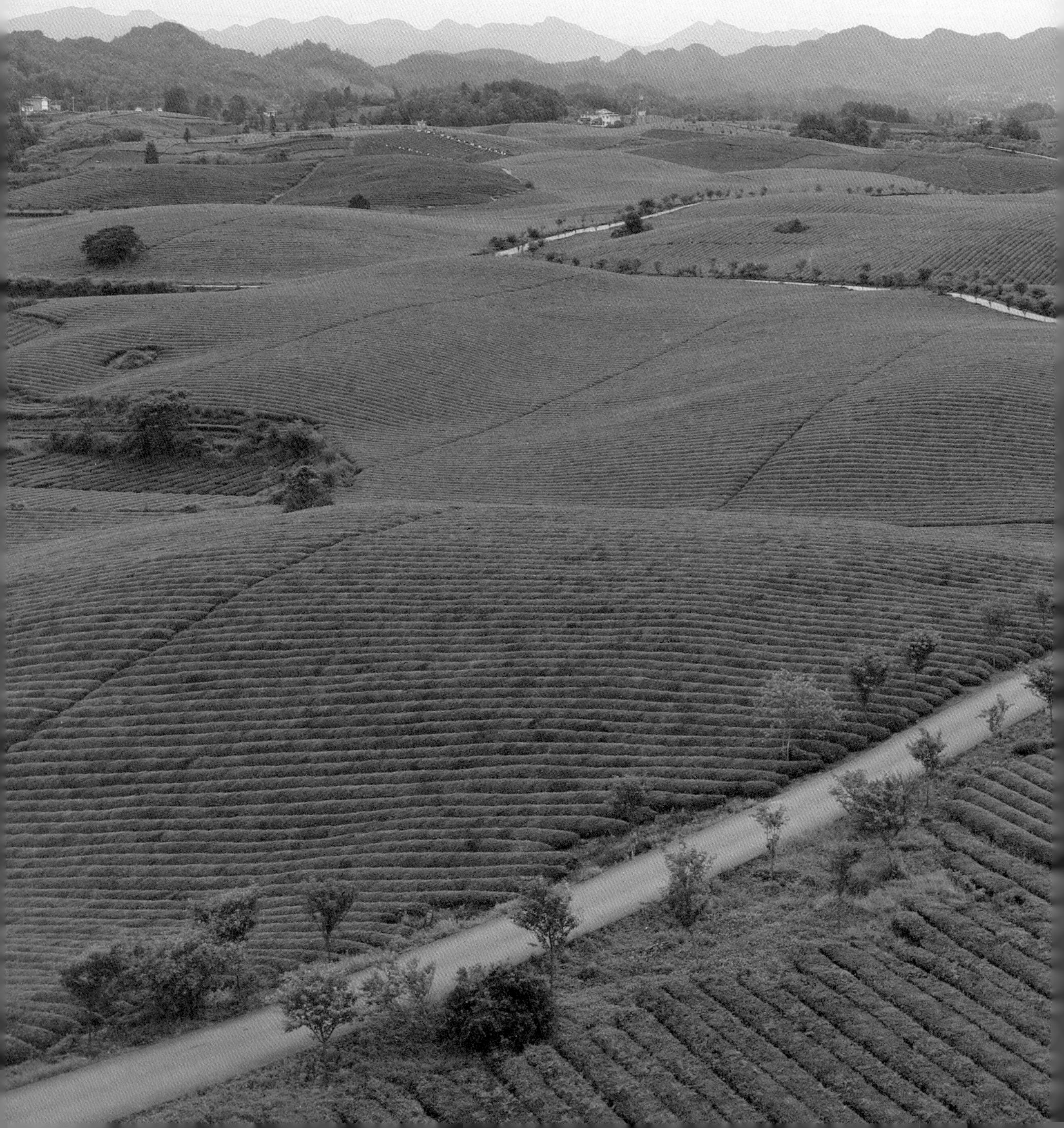

生产、教学方面展开了深度合作。为开展茶叶科学研究，探索规模化种植茶园的模式，中农所课长王淘与浙江大学农学院部分教授在永兴镇段石桥（现永兴茶场一队）附近开垦了一片实验茶园，这就是永兴茶海最早的开垦历史。

新中国成立后，中央实验茶场发展为贵州省茶叶科学研究所和国营湄潭茶场，继续致力于茶叶科研生产。20世纪50年代初，贵州开始大力发展农垦茶园，为了扩大茶叶生产，带着中央实验茶场基因的贵州省茶叶科学研究所和国营湄潭茶场陆续在湄潭县城周边的许家坡、麻子坡、囤子岩等地开荒，新种植2000多亩茶园。到1970年，茶园面积已达8000亩，成为当时贵州省连片面积最大的茶园。经过不断的发展与规划，形成现有规模。

站在如今茶海的制高点观海楼眺望这漫山遍野的茶园，东临碣石，以观沧海；西至永兴，以观茶海。我们发出的不仅仅是一句"真的好美"的感叹，更是对当年烽火连天之中中华民族不曾放弃的铮铮骨气的敬重，是对现在勤劳致富之中各族儿女"撸起袖子加油干"的最美表达。

全国茶园去过那样多，都不像永兴的这片茶海如此令人"壮怀激烈"。有时候，人的内心很容易被击中最柔软的部分，茶用它最自我的表达方式将我们一击即中。

骇浪惊涛四海哗，新时世界叹花花。

百年岁月如流矢，几度兴亡话与茶。

湄潭的茶，美得柔情，也美得豪情！

湄潭茶产业的精神气场：
中国茶工业博物馆

■孙状云

湄潭，是一个县级城市，拥有两座茶专业博物馆：贵州茶生态博物馆、中国茶工业博物馆，这在全国近千个产茶县里是绝无仅有的。

20世纪80年代后，伴随着全国各优茶产业的兴起，茶文化也由普及成时尚，茶旅融合新兴业态的形成，各地或由政府或由品牌龙头企业兴建茶专业博物馆成为一种时尚，几年前由中国茶叶博物馆发起成立了全国茶叶博物馆联盟，那时联盟有过不完全统计，全国大大小小的茶专业博物馆有60—70家，绝大多数是中国茶叶博物馆展板的翻版。从"神农尝百草，日遇七十二毒，得茶而解之"茶的发现开始，到唐、

宋、元、明、清的茶事历史，稍有不同的是加上一个当地茶文化历史故事的篇章，由于学术性不高，作为景观已是牵强附会，很难成为城市或者区域的文化地标。

为配套中国茶城而建的贵州茶生态博物馆，亦属于中国茶文化历史＋贵州茶文化历史＋湄潭茶文化历史的通俗版本的茶专业博物馆。

真正呈现湄潭茶文化历史，显示湄潭茶文化精神气场的是中国茶工业博物馆。

历史选择了湄潭，湄潭选择了茶，没有一个地方的历史会像湄潭这样承载着光复茶产业的国家与民族的使命。

20世纪30年代末40年代初，民国政府中央实验茶场、国立浙江大学先后落户和西迁至湄潭，使这座宁静小城一度成为战时中国的科教重镇和茶叶研究推广中心。这是中国茶叶科研及中国现代茶叶加工工业里程碑式的起点。在中国茶叶历史上，没有一个地方像湄潭这样汇聚了张天福、刘淦芝、李联标等这么多重量级茶业专家，利用第一个国家级茶叶科研生产机构——中央实验茶场，为茶业做出了诸多历史性贡献。"这里是现代茶业科技最主要的发祥地之一，现代茶业科技史上的许多重大科技命题开创和发端于此，取得了不少标志性的科技成果，起着引领现代茶业科技的作用。"著名茶文化专家姚国坤先生如是评价。

1939年及此后很长一段时间里，在那个烽火连天的岁月，薄薄的一片茶叶，责无旁贷地承担着国土兴复的希冀。为筹集更多的抗战经费，一代茶人担负起了振兴华茶的重任，在湄江边，依城的象山顶上，当年栽下的那一片茶园仍在，象山脚下湄江江畔的中央实验茶场的旧址仍在。

中央实验茶场的旧址，包括管理用房的办

公场所和实验茶场加工厂。中央实验茶场加工厂于1949年改造为湄潭茶厂，中国茶工业博物馆就是在湄潭茶厂原址兴建而成。五年前，我在时任湄潭县政协副主席周开迅先生陪同下参观过湄潭茶厂的旧址，彼时，已经停止生产的湄潭茶厂，一副荒废破落景象。周开迅先生指着披着历史尘埃与斑驳的锈迹斑斑的一台台机器说，这一些都是历史文物啦！正计划筹建一个茶工业遗址博物馆！

五年后，再一次伫立在这一幢幢古老的建筑前，一切都已井然有序。从一砖一瓦，到那一台台在制茶工业流程中代表了我国从无到有、从低级到高级发展历史的制茶机器，甚至连墙上的革命口号标语，构成了弥足珍贵的庞大茶文物体系。湄潭现代茶工业，80多年历史在这里，荣耀在这里，曲折与传奇的故事都在这里！构成殿堂式的朝圣，便是博物馆的魅力！

它保留下来了，是湄潭人为中国乃至世界茶工业革命文明留下的可以见证历史的文物与实物。

它保留下来了，是湄潭茶产业、茶文化的珍贵历史遗产！湄潭的做法值得全国茶界学习。

它保留下来了，已任湄潭茶文化研究会会长的周开迅是湄潭茶文化建设的开拓者和守护神，如不是他的疾声呼吁，并先知先觉地采取了一系列抢救性保护措施，就没有今天的中国茶工业博物馆。中国现代茶加工工业，早于1949年或与1949年同时及稍后设立的茶叶加工厂在全国有不少处，它们要么躺在历史的尘埃中，要么被拆，或正被拆，将消失在历史的云烟中。湄潭是幸运的，湄潭的政府不仅抓住了文化这个软实力，而且在文脉的传承中使

茶产业有了历史文化的深度，与产业基础规模的广度相结合，构筑了独一无二的湄潭茶产业独特的精神气场，造就了一个真正的茶文化城市，一个可看、可望、可思的圣地茶世界！

因茶富裕的美丽乡村：田坝

■孙状云

　　如今的永安田坝美景不亚于瑞士，从仙人岭上看下去，一片"神仙景象"，一片社会主义新农村欣欣向荣的美好景象。这是中共凤冈县委书记王继松在一次大会讲话中描绘的因茶富裕了的美丽乡村田坝。

　　很多次在凤冈的仙人岭上看田坝这幅"神仙景象"，俯视的影像中是墨绿尽染的平原油画；依稀的茶园，行行条条的茶树构成波浪纹的绿色色彩，林中茶，茶中树，又将绿的色彩勾勒出丰富的立体效果；平原丘陵的山势绵绵起伏，缥缈的云雾，却恰到好处地填写在高处的山涧；茶林中依稀可辨的游步道与乡间公路，串起散落在林荫中的民舍。此番美景，便是凤冈醉美茶乡田坝。

　　这是因茶致富、因茶兴业的美丽乡村田坝；这是以茶

为抓手，实施脱贫攻坚、乡村振兴，通过植茶成为绿水青山，继而变成金山银山的典型。在田坝，建起的中国西部茶海之心，已成为国家 4A 级茶旅一体化景区。

谁能料想到，这样一个远近闻名富裕得超小康了的田坝村，在 20 多年前是穷得响叮当的贫困村。曾经"好女不嫁田坝汉"的田坝，如今是洋房农舍、别墅排屋成群，幸福生活在田坝，田园美景如东方的瑞士。

田坝的蜕变与崛起，有一个人不得不提及，他便是孙德礼，一位

土生土长的田坝村的庄稼汉子，农民改革家、最早的土地承包大户、田坝乡乡长、仙人岭品牌创始人、田坝致富带头人、凤冈龙头茶企企业家……他的经历，他的故事说起来有些复杂而漫长，站在历史角度来审视，如果没有他，也就没有今天的田坝。

党的十一届三中全会后，改革开放的春风吹遍神州大地，联产承包责任制等政策的推

行，使孙德礼成了田坝村（镇）最早吃螃蟹的山林承包人。为什么会最早想到去承包荒山？只有小学五年级文化的孙德礼非常直白地说，是穷怕了吧！要改变一切，就得靠自己。他还明白一个通俗的道理，人不能懒惰，懒了就将时光白白浪费了，土地也一样，不能荒废，你不打理，不耕种，也就没有收成。为什么选择种树，是因为没有想好种什么。开荒是第一的，当

荒山变成了可以种植的肥沃土地，种什么都可以，果树、苗木、中药材、粮食、烤烟、茶叶……反正土地要让它生长出东西来，拿它去换钱。没有学过经济学理论的孙德礼，有他自己的土地黄金定律：土地上的一切是资源，资源变资金，资金变资本，资本可以经营一切，折腾着便可以生出更多的钱来。遇到了好时代，遇上了好时机，他种下的树变成了林，卖苗木赚了第一桶金，那是在 1984 至 1989 年间。

自己富裕了，并成了致富带头人，1989 年孙德礼成了贵州省劳模。作为劳模的他，自己个人富裕了，看到周围的乡亲们还吃着土豆、红薯、苞谷饭，田坝村的大多数人都还很贫穷。他想帮乡里乡亲，一家家游说，送树苗，但凭个人的能力还无法指挥其他人这样干那样干，于是干脆去乡里当了个副乡长，后来又于 1990 年被推选为乡长。那是个万元户都被人羡慕得不得了的时代，孙德礼主动去乡镇当干部时，个人的现金资产已达 200 万元，副乡长每月 88 元的工资，不是他所图的。1989 年当副乡长时，只是分管民政，还无法大展宏图，当上了乡长后，便觉得自己是一方土地的父母官，有责任来张罗 48 平方千米 9000 人的生计。他思考得最多的问题是：田坝人为什么穷？缺水干旱的田坝，这么多年来种粮食，种国家计划的烤烟，都没有

好的收成。不能全部种粮食，不能全部种烤烟，腾一部分土地来种经济作物。田坝人均有一亩五分地，他搞了个 843 规划：八分种经济作物，四分种烤烟，三分种玉米、土豆、红薯等粮食。经济作物选择种茶，是传统思维，茶在很多地方是传统经济作物。田坝此前也有历史上留下来的茶园，加上由水利公司带头培育的几百亩茶园共 1200 亩。他下决心以茶为主业，是专家提供的科学决策。贵州省林科所曾经对田坝的土壤做过化验，说富含锌硒两种微量元素。贵州省茶科所的人还说，浙大西迁时中央实验场选址时曾考虑过永安镇田坝。

于是，1991 年全乡发动，300 万支茶苗免费给村民种植，茶苗种上了，加工的技术也千方百计地解决了。当时的茶叶都交国营的凤冈县茶厂加工销售，当销售不畅遇到难题时，孙德礼亲自押车去省外卖茶叶。

回来后，孙德礼仔细算了算账，他当时卖出去的茶叶平均价格是 10.8 元 / 斤，1 亩地能产生多少效益呢？按当时的比价，2 斤茶可以买 100 斤玉米，3 斤茶可以买 100 斤大米，当时 1 亩地最多只能产 500 斤大米，而茶叶可做 200 斤，孙德礼说，我只要 100 斤 / 亩茶就行了。

水路不通走旱路，为经济作物让路！

田坝的茶在风雨中生长，田坝茶产业的规

模效益日渐显现，也引来省、市、县三级领导调研、考察、关注。日渐富裕的田坝人以更加自信的底气建设着自己的家园，茶中栽树，林下育茶，有钱了就翻建新房；把机耕的泥路变成了水泥路；有钱了还买车……田坝人知道，欣欣向荣的幸福生活，一切靠了茶。

1999年，孙德礼承租了田坝乡一个水库的经营权，并在水库边办了一个茶作坊。其实，他早在1996年就把他的品牌注册为仙人岭，彼时在大石垴种下的树也已成林，林下的茶树也成园了。大石垴山上有一个仙人洞，据当地的传说，是八仙之一张果老炼丹处，张果老的故事与不远处的茶经山，与陆羽与茶都有交集，因此孙德礼将大石垴改名为仙人岭，目前仙人岭也已成为茶旅景区。

毋庸置疑孙德礼的经营能力，一个将荒山变成景区的人，一个水路不通想着走旱路的人，一个能够想着先富帮后富的人，一个有着家乡情怀与集体主义精神的人，一个想着要更大自由的人，单凭他那铆足了劲不服输的精神，加上有现阶段凤冈县委、县政府对茶产业高度重视的政策支持氛围，他的仙人岭品牌做强做大是完全有可能的。

第五辑

"一带一路"

照见下的茶事纷呈

21世纪是中国茶飘香世界的最好时代。

千百年来，中国成为全球第一产茶大国和第一消费大国，茶叶已经成为中国与世界人民，特别是"一带一路"沿线国家相知相交的重要媒介。

中国茶已经成为代表中国传统文化的一个符号，中国茶重返国际舞台，大放异彩，"中国茶，世界品"的黄金时代亦将到来。

"一带一路"倡议的提出，各地茶产业生机勃勃，共同绘就了华茶五彩斑斓的盛世画景。

总有一棵树在山坡等我们

■张凌锋

此时，我的书案上放着一杯三杯香。我一边看着朋友圈里我们采风团发布的照片，一边在听它给我讲故事。

水是刚煮开的，仿佛专门提醒我这是激荡香气最佳的温度。她们散发出温馨的黄绿色，与台灯作一心照不宣的微笑，那样一种泰然处之的气质使我恍然起来。我想，这是我所认识的哪一个人，我所看过的哪一本书曾经给予我的久违的泰然呢？

从来没有过，但又那么的熟悉。

人之杰，地之灵：物华复如此

一路南下，车载音响播放的《采茶舞曲》以及不断播报的路况信息指向了一个共同的地方：温州市泰顺县——一个泰安顺遂的地方。

翻看了时任泰顺县茶叶特产局副局长林伟群送我的书，我深深地记住了这么一段话——

泰顺，一座远离喧器的浙南山城，与福建交界，明景泰三年置县，寓意"国泰民安、民心效顺"。

泰顺，一个宜居宜业的"天然氧吧"，森林覆盖率76.59%，空气质量浙江省第一，被誉为"养生福地、绿色王国"。

泰顺有佳茗，名茶荟萃，源远流长，三杯香茶清汤绿叶、香高味醇，是中国名茶之乡。周大风曾说："是泰顺独特的地理环境造就当地茶叶高贵的品质，《采茶舞曲》源于泰顺，是天就的缘分。"

而我们就是为着这一杯泰顺三杯香而去的。

山中自有茶，桂树笼青云

泰顺三日，仿佛经世万千。若说是欣喜却也夹杂着事茶的辛苦，若说艰辛却又享受着茶给予我们的那份泰然与感动。有酸楚却更喜爱。

三天里，我们自驾上百千米，走了罗阳山垟坪茶场、下洪天顶茶叶基地、筱村葛洋茶场、雅阳日月井茶园、彭溪玉塔茶场、东溪乡周大风茶博园以及万排茶场等地方，无限风光一览无余。

万变不离其宗的茶，千变万化的茶园风光。这是人文的创作，也是自然的馈赠，更是茶场主人的精神还原与态度呈现。以小见大，以茶入情，茶就在心中。

| 罗阳山垟坪茶场 |

雨中漫步山垟坪茶场，她似乎不单单只属于江南的婉约，多少有点豪放的味道在。参差的茶树并未过多地修剪，新芽簇簇诉说着张力的美，老叶森森倾吐了岁月的味。雨不过是点缀，无雨我们可以更肆无忌惮地在茶园中寻欢，有雨也无法阻挡我们愉快的脚步，抛除了长途奔波的劳累，此时此刻便是无尽的欢愉。

竹杖微雨水清浅，

人家深处是舜茗。

| 下洪天顶茶叶基地 |

云青青兮欲雨，水澹澹兮生烟。

面对着远处明灭缥缈的山峦，我们感受着江南独有的韵味，像水磨调般的咿呀，不闹腾，确实拂动心弦，如天籁作响，如丝竹在耳。不知不觉就走向了那片茶园，想与青山为屏，与茶相合。这是一种魔力？我想未必，那一定是茶心相融的必然结果。

有客开青眼，

天顶自留意。

| 筱村葛洋茶场 |

这是哪一颗明珠遗落在了人间？

若说刚才的天顶茶园是江南女子的话，那么葛洋茶场的这片茶园便是实打实的大家闺秀了。像极了《红楼梦》中的宝姐姐，清秀通灵、端庄持重。一排排整齐的茶树在重重云雾之下似乎在吟诵着薛宝钗的"焦首朝朝还暮暮，煎心日日复年年。光阴荏苒须当惜，风雨阴晴任变迁"。

我们还会再来看你们的，请等着我们——

天青色等烟雨，

而我在等你。

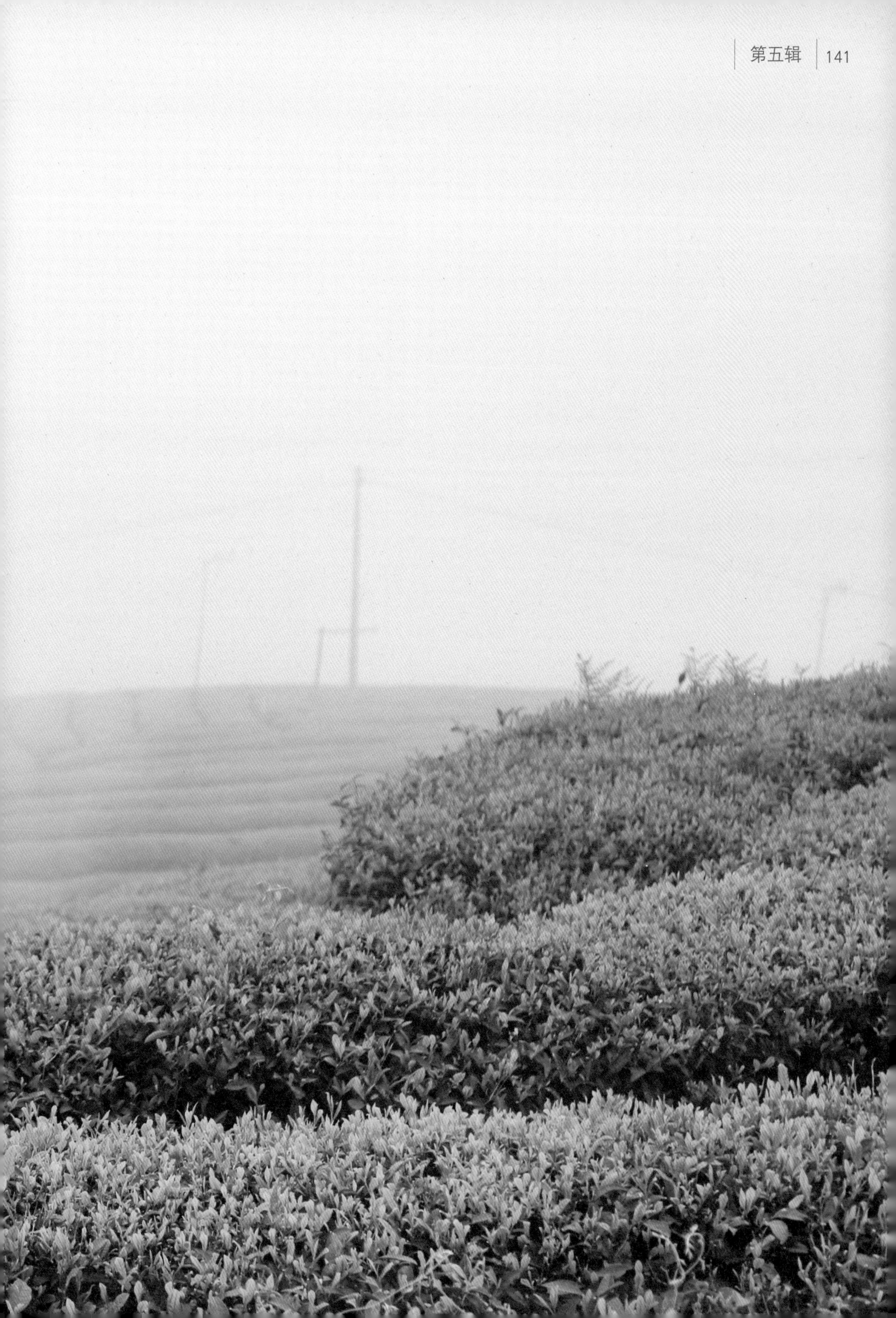

| 雅阳日月井茶园 |

泰顺的茶园真是风格迥异，画风瞬间从《红楼梦》转到"秦腔"，位于雅阳镇的日月井茶园多少带有西北的气概。黄土坡上种下的是刚抽芽的黄金芽，那是孕育希望的黄金芽，在它对面的山坡上是未经雕琢的野生茶林和长得略显粗犷的经济茶园。

询问缘何不采茶叶反倒把芽剩在树枝上，答曰，做茶时节已过，且此时做茶效益不高故而放弃。我们多少为茶叶的浪费而可惜，同样我们也感慨茶叶深加工的道路且长。

风柔日薄春色早，
夹衫乍著心情杂。

| 彭溪玉塔茶场 |

到了玉塔总算是体会了一番"高山云雾出好茶"。那雾是层层叠叠，轰轰烈烈的；那山是重重深深，明明灭灭的。

其实江南美景我们多少会期待有点朦胧感，这样才会觉得美。那是"犹抱琵琶半遮面"的探羞；是"素琴清簟好风凉"的雅趣；也是"数点雨声风约往"的暗思。更兼一帘白练垂挂峭壁，映山红、金樱子相映成趣，灵动万分，美不胜收。

一页红旗风舞劲，
万重绿叶雾摇松。

| 东溪乡周大风茶博园 · 廊桥 |

溪水清清溪水长，溪水两岸好呀么好风光。有山必有溪，有溪就有碇步，而泰顺人民更是在溪上筑起廊桥。或许廊桥在寻常百姓眼中并非是《廊桥遗梦》中的意象而只是一座能够提供遮风避雨、歇脚祈福的建筑，就像碇步只是助人过溪的工具一样。那一天恰逢周日，我看到很多高中生穿着校服从家的这头走向对岸的学校，其实碇步也是承载了很多美好的期许，功能是外在的却也是内在的，廊桥是这样，茶也是这样。

泰顺的县歌毋庸置疑是周大风先生创作的《采茶舞曲》。我们在周大风茶博园获悉了这首歌的背景并探望首唱家庭代表后，深受感动。这首轻快的歌曲温暖了一代又一代有着家土情怀的人民，唱出了劳动人民的劳作心情与精神风貌，也唱出了我们对于家国土地的深深敬仰。

风乎舞雩，
歌以咏志。

| 泰龙牛军洋茶场 |

这是一处有着江湖气息的地方。

橙色的平台是我们尽情欢乐的舞台。远而眺之，像是模型印刻的茶园与人民子弟兵有着不谋而合的特征：坚定、齐整、担当。一排排，一行行，一列列，一丛丛，一簇簇，一树树，一望无际，绵延起伏，整整齐齐，犹如站军姿一般地矗立在山巅，迎接着每天清晨的第一缕阳光；也像井然有序的绿色屏障，守护着这片山峦应有的绿；更像鳞次栉比的艺术品，绽放着这一生也无法穷尽的宝藏。这一份精细，是泰顺县独有的，这是茶人因着土地情怀而绽放出来的。这茶山，这茶人，这杯茶，与蓝天白云相衬，美不胜收！

这是在晴日，你可以想象一下若是此处烟雨蒙蒙，云雾缭绕，又是一幅怎样的画卷，"忽闻海上有仙山，山在虚无缥缈间"也不过如此吧！

茶心一动醉几许，

哪管天高与云淡。

青山有幸，虽"家住青山下"，此身愿"时向青山上"。

家住青山下，时向青山上。

在泰顺，有很多未经大规模改造依旧保有历史原貌如今在修缮之中的古村落。位于筱村镇的徐岙底古村落便是其中的代表。它被誉为"2018年度最美古村落"，也是温州市十大最美历史文化村落之一。

食罢农家菜，我们沿着小路进入这座古朴的村落。青砖黑瓦、木柴门耳，若天朗气清般的悠闲，这是属于古村落独有的气质：偷得浮生半日闲。

山中鸡鸣、田埂鸭戏、屋前黄狗，这是熟悉的乡村之趣；田间农作、炊烟连连、欢歌阵阵，这又是另一番乡村忙碌之景。轻快而和谐，从容又有趣。

乡村从来都是我们心灵回归栖息的地方：停留在村头那棵似有神明的百年大树上，停留在小径旁门窗咿呀作响的古屋前，也停留在"悠然见南山"时出现的那抹绿色上，那是比之我们的等待——总有一棵树为我们留在山坡，也总有一棵树在山坡等我们。

踏青何愁无处寻
泰顺描绘醉美画卷

■胡文露

这些年来，跟着茗边团队外出采风已不计其数，看云海翻腾，看茶山连绵，看晚霞落尽，自以为看过很多景色，谁知到了泰顺，才发现那又是另一番风景，另一种意境。

泰顺给我的第一印象是廊桥。"中国廊桥之乡"的名号是早有耳闻的，泰顺古廊桥的数量、保存质量，以及建造历史、艺术价值都堪称世界之最，为中国古代拱桥的代表。参观廊桥，自然是行程里少不了的。被誉为"世界最美廊桥"的北涧桥和溪东桥，历史悠久、造型古朴、结构精巧，桥两侧青山环绕，桥旁分布着祠堂等古建筑，深厚的历史文化底蕴吸引着大批游客前来观光。

仕水碇步作为泰顺重点文物之一，是泰顺碇步中的典型代表，全长133米，计223齿，呈一字形凌波延伸。看到的第一眼，我们便惊叹起来：石块与石块之间跳跃着，如钢琴的琴键般在如镜的溪水上弹唱，奏出一曲泰顺的茶歌，唱出一曲生命的赞歌。如果你看到那样长、那样壮观的碇步，你真的会兴奋，行走其中，那种快乐仿佛回到了童年的无忧无虑。

泰顺这一座底蕴深厚的古老山城，保留着许多古村落，如徐岙底古村、塔头底古村、胡氏大院等，它们大都是明清时期的老建筑，藏于深山中，与青山绿水一起成为一道最亮丽也最具文化气息的风景线。

我们选择探访的第一站便是徐岙底古村。这里据称是泰顺保存最为完整的一座古村，其中规模较大的古民居有四座，分别是门前厝、举人府、文元院和顶头厝，建筑结构很是精美，细节依然保存完整，从中依稀可见当年的繁华。它给人最鲜明的感受就是"绿树村边合，青山郭外斜"的景色，颇有世外桃源的意味。漫步于鹅卵石铺就的小径，曲径通幽，享受片刻的淡然清欢与悠然自得。我们在颇具韵味的古村落，享受着独有的悠闲岁月，感受着最原始的古代生活，在这样鲜有人居住的山间，敲打出最迟缓的时钟。

下一站塔头底古村，仍是有着浓厚的清代民居的建筑风格，相较于徐岙底古村的古朴不加雕琢的原生态之美，这里的美则是经过精心改造，现已被打造成庭院式唐风温泉度假村。古老斑驳的青石地板，错落有致的建筑群体，独具匠心的建筑风格，无不体现着这个古村落的魅力与韵味。

春绿，微风。这三天，我们每天漫步于泰顺的茶山，美丽的茶园给我们留下了深刻的印象。在这最柔美的春天，带着宁静温和的温度，我们的车沿着山路盘旋而上，来到一家家茶企参观，行走于茶山之间。泰顺的茶山总体海拔较高，在这里，我们看到了雨后云海波澜壮阔的茶山，也看到了阳光明媚一览无余的茶山。或许是平日里在屋子里待久了，人也总是显得沉闷而没有生气，第一次来到泰顺，我便惊诧于茶山的翠绿，这一抹绿，绿得格外苍翠；那醉人的绿，像是铺上了厚厚的绿绒毯，宁静而自得，悠然且温暖。

泰龙茶业的万排茶园，是我们去的最后一站，这里是"中国醉美茶园"，当地人称它为"万亩茶园"。所谓"醉美"，又岂是美得让人沉醉那么简单！

我们穿梭于茶山中的林荫小道，来到观景台，放眼望去，满眼是起伏的怪山叠青峦，层层茶树被修剪得很是平整，俨然一幅山水画卷。随着云开雾散，原本被雾气笼罩的茶山渐渐清晰，把茶山照得微亮，一切气味都被蒸发出来，茶香扑人，真有了熏染欲醉的意味。

我一向喜爱绿色，向往蓝天白云，但那天特别喜欢，似乎觉着那一抹绿色让我更接近大自然，更融入大自然。

茶山，廊桥，溪水，古村……

这一些，都装点了泰顺的静中之美。

风声，鸟啼声，鸡鸣声，欢笑语……

这一切，编织成泰顺的声色之美。

泰顺或许没有很多艳丽的景致，她的美，在于山，在于水，在于古村落，在于人文。她美得"多样又统一"，这是一盘和谐的调色板，调画出一幅波澜壮阔的祖国山河；是一幅构意匀称的图画，描绘了一卷气壮瑰丽的茶叶盛景；是一位"淡妆浓抹总相宜"的仙子，带给我们热爱与向往。

一日茶修：人生从这里开始

■孙状云

前一天去了子久公司位于朝阳山的基地茶园，看到了现代农业景观。如果说，这是顺应茶旅融合时尚而刻意打造的，那么，这一天我们在山门镇大屯村看到的平阳县益众绿色食品有限公司所在地的基地茶园，则是足以让我们雀跃欢呼的仙踪秘景。雨过天晴，山地湿润的空气，给了我们一个云的世界、雾的世界，云雾缭绕，云海翻腾，极目处皆是云与雾与青山山影与树林绿色与茶园碧波恣意为图为画的美丽山水画卷。

云里雾里，恍如跌入了时光的隧道，迎来了不经年的时空。世事多烦杂，此地犹世外，澄澈了的心灵，不必去问卢仝：蓬莱山在何处？

陆羽一定没有到过这里，要不然《茶经》怎么会不留下"平阳南大屯山出仙茗"的记载呢？

　　这片茶园的主人林瑞将总经理已久候我们的到来，急着想让我们去看他的加工车间，去品他的茶，接受我们的采访。

　　可我们还是执意先看茶园拍美景。此时天地造作出绝美画卷，云在，雾在，茶园也在，360度全视角，屏住呼吸，用眼睛，用镜头，用心灵去记录瞬间都在变幻的茶山美图。雾在近处，云在远处，有时候，分不清云与雾的界限，云去雾升，雾散云在。茶园里的行行茶树似波浪从远处涌来，涌来，在间种着的一棵又一棵、一行又一行的红豆杉树前化作巨大的绿浪。绿

浪散开，无论仰望或俯视或放眼瞭望，春天沁人的绿色在那里，听得见云雀在欢歌。要不是茶园圈养的鸡集体唱咏，早已浮出了身外的灵魂，一定会羽化而去。是久违了的鸡啼鸟鸣声，把我们拉回了人间。

　　一起陪同我们的曾呈理总农艺师和谢前途站长，还有林瑞将先生一次次地说，希望我们多多宣传，帮助他们打开销路，并再三说他们的产品品质很好。

　　茶是在这样的自然生态环境下，这样云雾缭绕的自然生态环境，我们的茶还整天呼吸着

红豆杉散发的芳香气息，这样的茶园在全国全世界也绝无仅有，还去怀疑它的自然品质与质量，显然是缺失了自信。

不用品，我们坚信它的品质！

在林瑞将的茶厂里，我们还见到了平阳黄汤制作工艺非遗传承人钟维标的师傅吴全和先生，他现在是益众公司大屯山茶厂的制茶师傅，曾呈理先生多次提到的获 2018 温州市十大金奖名茶的平阳黄汤就是由他制作的。

金奖的茶已经卖完了，由于天气的原因，留下的好茶不多了，中低档的茶要不要继续生产，林瑞将先生仍在纠结。他坦言自己已经 71 岁了，年事已高，做品牌创市场已经没有精力了，他希望寻找有经营能力或有资本的合伙人一起合作，茶园可以承包给他人经营，他就守着间种在茶园的 3 万多株红豆杉。

将近 500 亩连片茶园，有这么好的自然生态环境，又有大师作技术支撑，换作是别人，那

一定是躺在金矿上叫穷，当听到林瑞将先生说那一句："年纪已大了"，我们心头是酸楚的。

林瑞将先生还介绍，他家的茶园在山门满田国家森林公园脚下，离茶园不远处约3000米的马头岗村，是中共浙江省一大会址所在地，已列为省级重点文物保护单位。这是一处红色旅游的圣地，喝了大屯山的茶，从这里出发，革命的激情满满的，一切将所向无敌！我们品牌创意的思维这样展开想象……

到马头岗村瞻仰过中共浙江省一大会址后，我们想着老林家的茶，其实这个地方如果有投资方介入，做茶旅融合的开发也是不错的选择。

茶修人生，大屯山一日，云里雾里，澄澈的心灵，仿佛将一切置零了。从这里重新出发，带着满满的正能量，我的茶途，我的人生，一切有了新的开始！

武义的醉美茶园

■孙状云

以"醉美"两字来形容茶园的美，那便是极致！

我们到过全国无数处茶园，茶在，我们的世界在，每一处茶园，在喜欢茶的人心里，都是精神的后花园。连接过极目处的山峦，承接过蓝天白云，一行行绿浪翻涌的茶园，或在近处，或在远处，构成春天里最沁人的绿，与蓝天、与白云遥相呼应，欣荣遇见的雾，弥漫开来，给人如入仙境的感觉……这是我们常常描绘的茶园。

很多次去武义，都是参加会议，醉美的茶园对我来说，都是别人口里的传说，印象最深的便是一段段宣传片、一张张宣传海报、一幅幅会议背景板照片，很震撼！我也曾想当然地认为，这一些都是摄影师以专业的视角精选出来的场景，是经过装扮与美颜了的茶园摄影地的秀场。

武义，不是中国有机茶之乡吗？按照我们到过见过的很多有机茶园的经验来推断，追求原生态，不施化肥与农药的有机作业方式，在有的地方变成了放弃管理的自然生长，很多茶园是只可品味不可观赏细看的。因时间关系，我们不可能去看武义所有的茶园，陪同我们的武义县茶文化研究会副会长兼秘书长邓萍，我们

尊称为邓大姐，给我们发来了一组视频资料，让我们挑着安排行程。

醉美！的确是醉美，看着视频，我们就醉了！

天公作美，茗边采风团到武义的第一天，春雨如注，在我们茶乡行的第二和第三天，天气放晴了。虽然天空不是很蓝，但白云在，传奇的雾没有弥漫在茶地山间；春风在，风舞动着茶园里的小树嫩叶，给我们最深情的耳语：茶如，人如，大千世界亦如！每一片茶芽嫩叶在这个非常的春天里，都如我们心中的菩提叶，我们拿它来祝愿历尽时艰的所有人：你若安好，便是人间四月天！我们明白，春风明白，让她越过千山万山将我们的祝福带到你的耳边……

在更香有机茶园《茶经》碑前，我们重读陆羽的《茶经》，相信茶圣陆羽如果品一下祝凌平大师制作的"六杯香"，品鉴过春雨二号制作的"武阳春雨"，实地考察一下武义的醉美茶园，一定会将《茶经》中的那一个"婺州次"改为：婺州为上，武义茗香！

因为是有机茶园，除了那一处立了招牌，造了几处小景以外，没有大兴土木的游步道，一切依然是素颜。据更香茶业总经理金国庆介绍，他们正启动一个智慧茶园的项目，茶山与

加工车间装探头，联网实现视频模式下的可追溯体系，终端的消费者在购买的产品上扫描二维码，便可以追溯到该批次茶采摘、加工、包装、运输的全过程。有机茶，除了专业机构认证检测的背书外，从茶杯到茶园，也可以数字化场景追溯。

我们接下来到了郁清香老徐家茶园。一个地方的茶产业是否兴旺，你就去看那里茶园的面貌好坏。成片的有机茶园，以这样精神饱满的长势，这是我们所没有想到的。年岁已近70的老徐指着放养在茶园里的羊群说："羊群会给茶园锄草，羊粪也是最好的有机肥料，但是有些脏，对开发观光旅游不是很好。"他还说，有机农业一定是方向，二十多年的坚守，终于迎来了有机茶被愈来愈多的人认同的好时光，只可惜自己已经上了岁数，要不然真可以大干一场呢！比如曾经辉煌过的郁清香品牌重新再造，比如在这样美丽的茶园里建民宿，搞茶旅融合观光体验。他的儿女们都认为做茶做农业太辛苦了，不感兴趣接他的班，他只有期待有好的合作方来传承这份事业了……

或许是有机茶的缘故，也许是武义的可供观赏的醉美茶园太多了，他们习惯在素颜无饰的朴质的美里，见多不怪了，茶园变景区的茶旅融合项目一个都没有，连游步道也很少见到。

当我们将车子停在连坞万亩茶园路边，这一片层层叠叠的绿色，如海啸掀起的绿浪，呈排山倒海之势直逼山岚相接的天际，震撼得想呼唤、想奔跑，彷徨状的幸福洋溢开来。伴随着这种现场见证者的自豪与得意，我们拿起相机拍，360度，任何一个角度，任意地取景都是一幅幅美图，当镜头与文字都不足以表达

时，我们用眼睛、用心灵、用记忆来定格，这春天绝美的画卷……

千言万语，一句话便是：不想走了。

支起画架来写生，来画画；组织起诗人来采风，作最深情与浪漫的叹咏；在这样的茶园里，来一场旗袍秀也不错……

创意无限，春天的舞台，上什么样的节目与活动都会成为刷屏的"网红"。

当然我们最希望的是有一处木屋或者帐篷，可以让我们住下来，推窗即是满格沁人心脾的绿，摆下属于我们的一席茶席，在茗香中醉去……

这是连坞！我们记住了。

接下来去的另一处万亩茶园，还有花田小镇的茶园，一样地让我们忘情沉醉，在这里的任何一处茶园，都可以规划一个茶园的骑行赛道，一处旅游休闲的胜境。武义人太实在了，只知道埋头种茶、制茶！

那一处叫大圆塘有机茶园的地方是我们指名要去的。那一幅缥缈在云雾间的茶园，抱拥一湖水，湖中托起了一个岛屿，岛上的茶地与四周层层叠叠的茶山遥相呼应，从高处俯视，如绽放的莲花，那个湖心岛上的茶林就是莲花中的花蕊，如禅林秘境，世处仙地。武义人一次次拿它做海报做会议背景板的宣传画面，也几乎成了武义茶产业对外形象的名片。

我们来了。

现实的场景，与想象中的场景有些差异，没有遇上雾，没有遇上漫山遍野采茶女采茶的场景，沉静的山野，没有云雀的欢歌。但是，茶在的，茶在，我们的世界就在！

一日茶修：穿越千年古镇唐头
和万年古田山

■孙状云

去古田山之前，余华军刻意带我们去看了那个叫唐头的山村。

这一看不得了。

这是一个具有一千多年历史的乡村。

唐头村的方顺如书记陪同，从村头到村尾，我们在历史遗存的景点与文物中一次次穿越了时空。

百度资料显示，开化县的建制（建于北宋太平兴国六年即公元981年）距今也才一千多年历史。唐头，曾名上林，据《上林方氏宗谱》载，庚旺、庚成、庚金、庚生兄弟于后梁开平二年（908）太祖赐宅，由安徽歙县篁墩迁入。方家的先祖都是为官的，怎么会迁到这个现在看来仍然是相当偏僻的大山深处？网络没有为唐头留下更多可以搜索的资料。

方家的两个祠堂在那边。永同公祠原先是某一位太祖为一位小妾因在方家祠堂得不到名分而建的。这一座清代建的永同公祠反而比另一处的方家正祠堂更显摆了。永同公祠台柱上的对联"台上七八人雄兵百万，出门三四步走遍天下"，以及侧柱的"第一等好事只是读书，几百年人家无非积善"，看似调侃游戏人生，却不无深层的人生哲理。另一处的方家正祠堂，摆

满了由当下方氏子孙请人画的先祖画像，个个不是文官就是武官，门庭显赫。我们还是要问，一个人要经历怎样的纷争，才可以落寞到独处一处的无争？到这样一个偏僻的山乡开山种地，日

出而作，日落而息，应该是与世无争了。

文昌阁建在一个乡村里，应该说是只此一所，别无他处的。据说全国文昌阁只有35处，不知道这一处有没有统计在内。请文曲星下凡，保一方文风昌盛。学而优则仕，是不是还有无法放弃的功名利禄的梦想？都说离唐头不远，或者说是唐头背靠的古田山是一座道教圣山，境内七十二洞天，然而我们走遍唐头村，唯独没有看到道教留下的遗存。方家祠堂留下的传说与故事，更多是属于儒家和中国传统文化的孝道与为善。当然，中国人是离不开佛的，每年农历二月十二日至十五日为唐头村的古佛节，至今已有800多年的历史，被列为浙江省第三批非物质文化遗产代表名录。在古佛节的4天里，村民们要举行多项仪式，包括迎古佛出殿：由100余人组成的仪仗队去乔木庵迎古佛；古佛巡游：由旌旗甲胄、仪仗火铳、先锋喇叭、民乐队伴奏乘三佛轿绕村庄巡游；古佛祭典：宣读祭文、村民祭祀、唱道士戏、请剧团唱三天三夜大戏；送佛回殿。这4天全村人要素食，还要开展物资交流活动，热闹非凡。

村头那棵要四五人才合围得起来的老柏树，据说是移居这里时方氏先祖所栽，也有一千多年历史了。古柏旁那座古庵是不是古佛节请佛的那座香乔木庵呢？陪同的方书记介绍，正是这座古庵，庵里供着的那尊佛像，是

一件泥塑作品。传说有一砖瓦匠烧了一窑砖瓦，开窑时，不见了整窑的砖瓦，只见一尊泥人在窑里。砖瓦匠很生气，推了推泥人，泥人将要倾倒时，发现泥人的脚下踩着一块金砖。这是遇见神仙了，砖瓦匠连忙扶正将要倾倒的泥人，也许是哪里磕碰到了，扶正后的泥人少了一只耳朵，这尊少了一只耳朵的泥人便被唐头村的人当作佛像来供养。后来村民发现，那少了的一窑砖瓦在不远处的"石耳山"山顶用作建庙的建筑材料了。

我们背靠那棵千年的古树来合影，"天助，人助，自助"，在创业的艰难路程里，有一棵大树可以依靠，靠一靠也无妨。如果没有大树可靠，作为一个顶天立地的男人，应该努力使自己成为一棵大树，去庇护更多的人和事。

方书记是唐头的一棵大树，余华军说要成为开化龙顶的一棵大树，我们也想成为中国茶产业媒介的一棵大树。

在无处不旅游的当下，这样一个极具文化历史底蕴的乡村，唐头是乡村旅游等待发现的夜明珠。

除了千年的历史文化，唐头在新农村建设中也呈现了美丽乡村的画图，整治得干干净净的溪流，日渐富裕了的唐头村村民兴建的一幢幢小楼洋房，蓝天白云，清新的空气，古村处处有禅意。喜欢的，我们真的不忍离开。

方书记告诉我们，唐头村村民主要的经济来源，除了年轻人外出打工外，便是茶叶。

余华军介绍说，唐头村也有益龙芳的基地茶园。唐头村隶属于苏庄镇，苏庄的古田山国家级自然保护区，已列入世界五大多样性植物基因保护区库，古田山世界有名。

唐头正是背靠古田山的。

将唐头迈进千古的那只脚收回，转身迈入苍茫的古田山万年原始森林。我们都是凡人，没有遇见七十二洞天。顺流而下的溪流，拾级而上的台阶，我们在那一片据传是朱元璋屯兵古田山时种下的茶园里停留，茶湾，多么好的一个名字啊！

这也是益龙芳在古田山的一处基地茶园，余华军说要在茶园赤裸的岩石上刻上一些字成为景观。我说千万不要，保持原生态是最好的。

据开化县志记载，崇祯四年（1631）"进贡芽茶四斤"，就产自苏庄，苏庄不仅是开化芽茶，也是中国芽茶的发源地之一。历史资料没有留下太多的线索，可以让我们找到那块贡茶园。

处于古田山国家级自然保护区内的那一处叫"茶湾"的茶园，与清溪为邻，与白云为伴，沐浴着阳光与雨露，自有它"茶生一处，天地一方"的山水禅意。

我们刻意不去山顶的古田庙，禅意的山水间我们也仿佛幻化了，"山花落尽人不见，白云堆里一声钟"。

卢仝一定没有到过开化。别问蓬莱山何处？古田山在此！

那一位明代高僧号称半佛半仙的古田庙主持周颠你在吗？

现世那么美好，我们不想成仙去！

这一日的唐头，古田山之旅，喜欢茶的我们，又何尝不是一次茶修？茶在，梦想也在，世界也在！

四月，到顾渚山看茶

■孙状云

四月，到顾渚山看茶。

这一直是我内心的一种呼唤。

长兴之顾渚山、紫笋茶、大唐贡茶院、金沙泉、摩崖石刻……

这是一条茶文化的朝圣之路，这里有太多的茶文化故事值得我们寻寻觅觅，这里留有太多的足以构成中国茶文明丰碑的古迹值得我们探究与朝圣。

顾渚山已经去过无数次了，每一次都悄悄地去，悄悄地回。那一份凝重让我有点喘不过气来。遥对悠远的历史，常常会陷入一种莫名状的遐思，跌入时空的变幻中。

1200多年了，无数的官吏与文人墨客来过这里，他们来都是因为顾渚山上长着的茶。

他来了。

拨开那一幕盛唐茶事，这里最早来的应该是陆羽。旅居湖州的他，为写《茶经》，无数的茶山泉井留下过他考察的足迹。唐永泰元年（765），他的《茶经》初稿完成，他理所当然是全国第一的"品茶大师"了。那一天，他来到长城（今长兴）与阳羡（今宜兴）交界的啄木岭，正逢毗陵（今常州）太守、御史大夫

李栖筠在阳羡督造贡茶，正为贡茶数量不足而发愁。这时恰好有一位山僧献上了顾渚山产的茶，李御史请陆羽品鉴，陆羽品尝了说："此茶芳香甘辣，冠于他境，可荐于上。"李御史便放心地将顾渚山的茶与阳羡茶一起贡给了皇上。

所以，陆羽的《茶经》里便有"浙西以湖州上，常州次，湖州生长城顾渚山谷"。当顾渚山的茶成了贡茶，陆羽不敢掉以轻心，遂翻过啄木岭，来到顾渚山，并在这里栽种了一片茶园，亲自品鉴。他发现"紫者上，绿者次；笋者上，牙者次"。于是顾渚山的茶，也就有了正式称谓"紫笋茶"。顾渚山的辉煌历史就此开始。

当紫笋茶成为贡茶以后，精于茶学的陆羽，当然知道"水为茶之母"的道理，好茶用好的泉水来泡，相得益彰。顾渚山下的金沙泉自然逃不过陆羽的眼睛，当金沙泉用银瓶装罐圣贡以后，那一座顾渚山便不再是一座简单的山了。

皇帝是十分霸道的，他奉诏的贡茶是不容许平民百姓享用的。"自大历五年（770）始，分山析造，岁有客额，鬻有禁令，诸多茶者贡焙

于顾渚，以刺史主之，观察使总之。"就这样，顾渚山有了中国茶文化历史上第一座官办的皇家贡茶院。

他来了。

颜真卿、袁高、于頔、李郢、张文规、杨汉公、杜牧等二十八位刺史，他们带着皇上赐予的光荣使命先后来到顾渚山督造贡茶。刺史们有的干脆把家眷也带来了。"春风三月贡茶时，逐尽红旌到山里。"（李郢诗）"何处人间似仙境，春山携妓采茶时。"1000多年前，顾渚山的春茶时节，是热热闹闹的，茶山上下张旗立幕，水口草市画舫遍布，刺史来了，州吏县官们也携妓而来，丝竹歌舞飘逸空谷，茶香酒香漫过山野。

我相信，那些热闹的场面可以让顾渚山沸腾了，其奢华与显摆一定胜过现在的各种茶会茶节。

四月，相约顾渚山。

那是又一处茶的"兰亭盛会"，是茶与诗的风雅。湖州的一任又一任刺史，个个都是文官或是文豪或是诗人或是书家。刺史们来修贡了，那一帮文人墨客的朋友们自然也就跟了来。

那是唐代诗歌的鼎盛时期。在煞有介事的茶事里，茶添诗料，茶香诗韵起，一首首茶诗留在顾渚山。文士们的风雅，斗茶又斗诗，每次茶聚便是茶与诗的沙龙，沉吟接韵便留下了诸多联句。那著名的由颜真卿叙并书的"竹山堂联句"，又何尝不是茶的"兰亭序"呢？

他来了。

张文规留下了"牡丹花笑金钿动，传奏湖州紫笋来"名句。

李郢写了《茶山贡焙歌》："十日王程路四千，到时须及清明宴。"

杜牧写下了"山实东吴秀，茶称瑞草魁"的千古名句。

白居易时任苏州刺史，因为身体不佳，而且路途遥远没有来，可他还是向往着顾渚山上的茶会。

"遥闻境会茶山夜，珠翠歌钟俱绕身。
盘下中分两州界，灯前合作一家春。
青娥递舞应争妙，紫笋齐尝各斗新。
自叹花时北窗下，蒲黄酒对病眼人。"

顾渚山之风雅与浪漫在每一个春天茶季里流转。

唐以来，千年的贡茶史，年复一年的春茶，是一次又一次官吏与文人雅士的相约与聚会。风雅吟唱之余，挥毫题跋当属最最自然的事了。于是便留下了顾渚山一处处的摩崖石刻。

一处处的摩崖石刻，让我们看到了历史。

历史在风雨中缥缈，物是人非的岁月更迭中，那是几经的前朝，顾渚山经历过的辉煌。

青山依旧，茶依旧。

你走了，我们来了。无数次到过顾渚山，每一次都会让自己遗失了魂魄，稍不留神便会随那一处处的历史痕迹跌入那一个前朝前代。是紫笋茶的茶香唤醒了我。

四月，到顾渚山看茶。

那个注明了陆羽植茶处的地方，已经找不到茶树了。不知道陆龟蒙的茶树又在何处？

千百年了，茶山茶树像活着的化石。那一片片鲜绿的茶芽，足以让我们呼唤到它们，进行一次次隔世的对话。我是不喜欢引经据典的人，可是那种赤怀虔诚泛起的内心温柔，让我们忍不住要为顾渚山这座圣山、要为可以视作文物的紫笋茶引经据典，大声地理直气壮地说：紫笋茶是最富有茶文化历史底蕴的历史名茶，顾渚山是中华茶文化的后花园。

进入水口，进入顾渚山，会陷入一种彷徨的幸福。坐在金沙泉旁的忘归亭里，看天看云看山，读近处茶园，听金沙泉细语无声的泉流，到附近的农家看做茶，拿自己亲自取来的金沙泉泡新出炉的紫笋茶，次第声中听远处布谷鸟的欢歌。旧梦已去，新梦又来。山色如画，阳光如洗，是那样一种忘情使我们又一次迈开了寻寻觅觅的步履。

境会亭何处？

明月峡又在何处？

何处又是罗岕呢？

绕来绕去总绕不过贡茶院。

我们曾经无数次来到贡茶院的遗址，在那两厢三进的废墟里徘徊寻觅。拾起埋在深深的泥土里的断瓦残砖，所有的心情是沉甸甸的。清风摇曳着修竹使山径更静更寂。我深深地知道，这山坞的每寸土地上都可以寻觅到先圣们留下的足迹。每一次站在这个遗址上都崇怀着一种虔诚的朝圣之心，不敢作无边的遐想。不敢想象这样一个沉静的山坞又如何承受得了役工上万工匠千余的旧时繁华？

顾渚山总是给茶人们带来不断的惊喜。

当2005年长兴县人民政府决定重建贡茶院后，我们又一次去了顾渚山。在那"大唐贡茶

院遗址"的石碑前，想象着即将建起的贡茶院建筑的模样。

2008年4月大唐贡茶院已成。我们轻轻地敲开了那一扇门，那一扇被历史尘埃封闭得久了的门，眼前的建筑虽然已不再是昔时的两厢三进的古来模样。

没有了高高围墙的贡茶院经修竹绿树的相衬扶疏，心头早已没有了那一份历史的凝重。高耸的"陆羽阁"，让我们抬起了头。拾级而上，在那尊茶圣陆羽像前合十膜拜，俯身顶礼。你见证了一千多年前顾渚山的辉煌，同样，也请你见证一千二百年后顾渚山的辉煌。

沿着那长长的廊，我们仿佛从跌入历史的遗梦中醒来。我们放轻了脚步，怕又惊了圣贤们的梦。这是一条很长的长廊，仿佛走过了千年。你从历史的那端来，在那边厢房的陈列室里，我们又不期而遇。"生于顾渚山，老在漫石坞。语气为茶荈，衣香是烟雾……日晚相笑归，腰间佩轻篓。"让我们共同成为一个顾渚山的茶人好吗？

偶来风雅，读一句半句茶诗；自为茶家，泡一壶半盏香茗，然后在吉祥寺前的平台里作悠闲的漫步。诗意正浓时，咏唱一两句茶神一味的佳句。

顾渚山，我又一次来了……

（本文发表于《茶博览》）

我也曾问禅
——禅茶故乡行

■孙状云 彭 聪

(一)

那年的岁末，朋友硬是拉着我去了一趟安徽的太湖县。太湖县，是中国汉传佛教禅宗的发祥地，禅宗的二祖、三祖、四祖、五祖都在那里开设过道场；那儿还是著名社会活动家、中国佛教协会会长赵朴初的故乡。一句话便是：此地法会形胜，应是无上妙道。

朋友说，太湖县正在打造"二祖禅茶"品牌。在中国的名茶谱里，有过佛茶，也有过道茶，而将禅茶作为一个县的区域公用品牌来打造的，太湖县是首创。

二祖，即禅宗二祖慧可。这个慧可便是那个立雪求师、断臂明志最终被达摩收为徒又指定为传人的慧可师傅。达摩被尊称为始祖，慧可即为二祖。

关于二祖开始的禅宗，关于太湖县，有太多与禅宗历史有关的故事与传说，用这些禅的文化去融合茶文化，将它们作为一款名茶的品牌背书，应该是很有说服力和传播力的，"禅茶"两字便会给人无限的想象力和诱惑力。

司空太湖山山水水，空气草木皆示禅机。

我们来到太湖牛镇狮子山二祖最初修炼的地方，来到五祖的禅堂西风禅寺，来到赵朴初的老家府邸状元府，来到赵朴老的陵园……沉浸在那些禅的传说与故事里，错落的时空中，你看见圣人在，大师在，智者也在。赤怀的虔诚，化作的是朝圣者的膜拜。

公元561年，年过80的慧可师傅辞别少林，他是因为躲避北周武帝宇文邕"断佛道二教"之灾，而来到太湖狮子山重开道场的。一个80多岁的老人，千里跋涉，还要躲避官兵的追杀，其中的艰辛是可想而知的。圣人以及有智慧的大师们一般都是有信仰的，在信仰面前，一切磨难都化为云烟，就如同风雨根本无法撼动那些扎根深土的大树一样。

我们仰望狮子山，仰望狮子山上方的天空，仰望天空中的白云，仰望掠过头顶的孤雁。抬头望天，低头看眼前的溪流，看面前走过的路或遥望远方将要走的路，眼睛摄取的场景，并非是我们整个人生的全部，心的世界，梦想的世界总是要大于现实的。时代给了我们崇怀理

想的自由，因为不满足，所以才会有追求。物质富有了而精神匮乏的现代都市人开始把目光投向了国学、禅修等，禅修已经不是僧人禅客的专利了。禅，禅那，禅修，就是想找到一种方法，或静滤或修炼或禅定或彻悟那颗岁月让人苍老、周遭让人委屈、世态让人世故、忙碌让人疲惫、利益让人功利、功利又让人庸俗的百变之心。

心在的，世界也在的。但是，我们想要的那颗纯粹的能够回归到最初来时的天真无邪的心又在哪里呢？

这与其说是一次寻茶之旅，还不如说是一次放牧心灵的禅修之旅。

在狮子山下二祖禅堂边的厢房里端起那杯二祖禅茶时，我们是否真的放下了？看着禅堂的师傅，回想刚刚路过看到的附近农家那位坐在院子里悠闲自得晒着太阳的老奶奶，他们对生活的信念，从从容容过好每一天的人生哲学是我等城里人需要经过多少时间与经历才能领悟到的？

（二）

因为与茶有关，又与禅宗达摩有关，不得不提一下达摩撕眼皮长成茶的传说。这一传说最近几年才开始广为流传。他们说茶是由来自印度的达摩发现的，达摩在少林寺面壁9年，他不吃不喝不睡，可是时间久了，有一天竟然睡着了，达摩不能原谅自己，生气之下撕下了自己的眼皮。没有想到抛掷眼皮的地上竟然长出了一棵小树，那便是茶树，达摩的弟子们采集树上的叶子熬汤喝，发现这茶有醒目振神的作用。据说日本有人把它写进了《茶道》教材的开篇，俄罗斯人也大力推崇这一茶的起源说。在中国，绝大多数人是支持"神农尝百草，日遇七十二毒，得茶而解之"的茶的起源传说。了解中国茶历史的人们知道，达摩在少林寺面壁时，中国的饮茶风气早已在寺院盛行，这可以从《茶经·七之事》记载的《艺术传》单道开坐禅饮茶和《释道该续名僧传》法瑶饮茶的故事里得到佐证。

所以完全有理由推断二祖来太湖后在狮子山上修炼，因需要茶而种茶制茶的故事传说是合理的，可信的。历史是无法还原的，也没有办法去考证那些散落在狮子山边的一棵棵野生的茶树是不是二祖所栽。狮子山在，二祖的足迹在，二祖的禅堂也在，一切便有了法证。

"法是茶，茶是法，尽十方世界是个真心；醒即梦，梦即醒，转识众生即成正觉。"这是一位比我们更痴的茶痴，元代一位叫溥光的禅师写的碑文《拣公茶榜》（碑存登封会善寺）。

由法是茶，茶是法，我们想到了茶心、茶梦、茶禅、禅茶、禅茶一味等等，从这个意义

上来讲，茶是开启心智的宝物了，茶即是禅，禅即是茶，我们也可以这样如法炮制。

讲到禅茶一味，很多人把禅茶一味的源头归到唐赵州从谂法师"吃茶去"的禅林法语，其实茶与禅的关系，一直是伴随着佛教在中国的传播与禅宗流派的发展而相辅相成的，高僧和禅师们早已把茶这一不俗的精神尤物视作了禅定、明心见性的不二法门。茶起茶落，一切均习以为常了，所以从谂法师才会说"吃茶去"。

我们也说吃茶去！

"七碗受至味，一壶得真趣；空持百千偈，不如吃茶去。"这是赵朴老写的茶诗。禅是不能说的，言语道断，"妙高顶上，不可言传，第二峰头，略容话会"。因为只可意会，不可言语，所以禅宗发展到后来，便有一些自命不凡的禅师、高僧咬文嚼字，故弄玄虚，使之禅语禅偈盛行。"空持百千偈，不如吃茶去。"看来赵朴老也痛恶那些故弄玄虚的禅门玄学。

（三）

我们吃茶去！

在西风禅寺五祖洞前，我们仿佛听到了一位禅师在说："身是菩提树，心如明镜台；时时勤拂拭，勿使惹尘埃。"而另一位智者在答："菩提本无树，明镜亦非台；本来无一物，何处惹尘埃？"

前者是神秀，后者是惠能。这好比是一场考试，考官是五祖弘忍，胜者惠能最后成了禅宗的六祖。

在西风寺五祖洞五祖的塑像前膜拜，祈望五祖加持，也能开启下我们愚钝的心智：人生何处？何处人生？

眼睛摄取的场景，与梦想的那个世界究竟还有多少差距？

一直在寻觅，总是在寻找。我们说即便一无所有了，我们还有茶！我们是喜欢茶的，一颗茶心到永远。驻守在茗边，当我们说茶是我们的生活，茶是我们的梦想，茶是我们的信仰时，我们竟然异口同声说出：人生处处，处处人生！

原来我们早已经离不开茶了！

所以，当西风禅寺的天通法师说，将在西风禅寺选择一处禅房建一个禅茶院时，我们是满心欢喜。

有二祖、三祖、四祖、五祖在，有西风禅寺千百年积淀的博大精深的禅文化加持和衬托着禅茶院，我们有理由相信它将是别无他处的天下第一禅茶院。

禅修，也茶修，茶修即禅修，那时再来：

迦叶微笑，刹那芬芳！二祖禅茶要助我们心想事成呵！

（原载于《茶博览》）

王 PK 后
——品"和其坊"的纯料古树茶

■孙状云

那天在和其坊品鉴完几款 2016 年新做的普洱茶后，我对燕子说，我挑几款来写。

普洱茶，尤其是山头茶，水很深，云里雾里，各路玩家茶友又自我得十分，大家都是拿记忆的茶来 PK。眼前的茶，由于技能由于阅历等，你真不知道谁家的茶是标杆。

在和其坊说茶难，说和其坊的茶更难。

我曾经说过，在普洱茶纯料古树茶的领域里，无论是和其坊的"和粉"们还是和其坊主人陈华亮的"亮"粉们，个个都是茶精。

比如说那个裴总，几乎天天在和其坊蹭茶，当然也是一位一见到好茶就抢着买的土豪级玩家茶友。茶喝得多了，见识也广了，普洱茶里，还有什么茶没有他品鉴过呢？那一款桃子寨，干嗅毛茶，便发现了她奇独的果香味。你还没有品，他一看一嗅便给出答案。

又比如那个夏怡，将她做酒庄品酒的经验应用到了品茶，你说那醇厚那柔和，是棉花那样的厚，还是丝绸那样的柔？

一切没有标准体系，玩家茶友又十分自我。一个"饱和度"可以把所有好口感的茶汤诠释了。

其实，和其坊在这么多年的寻茶制茶过程中，早已有了自己纯料茶的标准体系。配方，在陈华亮的手里；口感，在茶友的记忆里；评价，在"和粉"的口碑里。

过去的，即便是陈华亮独创的藏品孤独丸、无鸣丹、落尘……或是从 2010 年开始的版画系列，你不能说它们款款神奇，但可以说是绝无"俗"品。不说老班章，是因为班章为王，品质的标杆在那里，金戈铁马，千里绝尘，你说那个韵味与醇厚，你喝出厚度，还得品出宽度，有

和其坊主人：陈华亮

和其坊静庐茶舍掌柜：舒晓燕

宽有厚，才有立体的滋味醇厚度。意境自然是：塞上琵琶，别有韵味的霸气里，英雄出征，大漠落日，听得见马蹄声声，军歌嘹亮。琵琶行急，壮士诀别……原先我如此形容"大白菜"的，现在把它用在陈华亮亲自鉴制的那款老班章茶上，也是合适的。

闲鸣拂尘茶去，回望，绝尘，无故乡。

我曾经说过，好茶总是在曾经的记忆中，总是在不断地期待中。

这是玩家的茶，不是普通的商品茶，开头的文字里说过，说和其坊的茶更难，其意思便是和其坊在纯料茶的选料和拼配上，有自己的品质体系，无论是以名山头命名的或是自创的产品品牌名，班章也好，昔归也罢，桃子寨、百花泾等等，自创的产品品牌，如孤独丸、无鸣丹等等。一款款都是只此唯一配方的孤品"绝品"；孤独丸是孤独丸，它的苦尽甘来的滋味在那里，无鸣丹是无鸣丹，不鸣则已，一鸣惊人，是在它苍茫荒野之气提携的滋味的饱和度，在宽厚立体间爆发裂变呈醍醐灌顶之势。这是玩家意境，闲鸣拂尘茶去，能否百世流芳，千古绝唱。只有喝了、品了、藏了，最后才知道。

自创的品牌茶可以这样随心所欲，可以不计工本地追求极致。但在大家都用的山头茶上，你可以有秘方，但不能太标新立异。老曼峨的苦，冰岛的槟榔香，庄野巨树的荒野气息，曼松的醇厚，等等，这些山头茶名声在那里，虽然也只有为数不多的玩家们才知道代表它们的品质的香气、滋味以及构成怎样的口感和体感。

顶级的一饼曼松贡茶是可以抵得上你商业的诚信，也可以照观你在普洱茶原料掌控及拼配的技术实力，需要茶友的认同，更需要同行的认同。否则，便很难在普洱的江湖里立足。

曼松如此，班章更加。古六大茶山如此，新山头主义如此，古树纯料不是用来忽悠茶友的招牌，而是实实在在的品质与质量。

从班章到昔归到冰岛；

从薄荷塘到落水洞到困鹿山；

从荒野古树到百花泾、桃子寨……

谁为王，谁为后？

很少有人将很多款茶放在一起品鉴的。

说和其坊是普洱茶的"学堂"一点也不为过。不仅老茶（那些印级茶、号级茶）收藏品种齐全，而且普洱茶区主要板块各大名山均有产品。很多年前，陈华亮在《茶博览》的广告里自喻为普洱茶品质专家，当时觉得有点别扭，现在看来，是实至名归的。

都说班章为王，易武为后。燕子那天不知哪里来的兴致摆开了2016年新做的茶，撬开来品鉴，茶无不奇，款款神奇。最后的组合：班章 vs 百花泾，桃子寨 vs 布朗野生，我把它们视为和其坊2016年古树料茶的四大天王。

喜欢班章，更喜欢百花泾。这一组合我这样来形容：塞上琵琶，回望长虹落日，绝尘，无故乡。

也喜欢桃子寨 vs 布朗野生这一组合，恰如清纯的傣族女子遇见了布朗族的少年。桃子寨柔滑的果香味，布朗野生的山野气韵，给我们留下了这样的意境。

闲吟拂尘茶去！

何其芬芳？

茶在，人在，一切在！

图书在版编目（CIP）数据

茗边. 庚子秋 / 孙状云主编. -- 杭州：西泠印社
出版社，2020.11
ISBN 978-7-5508-3181-0

Ⅰ. ①茗… Ⅱ. ①孙… Ⅲ. ①茶文化－中国 Ⅳ.
①TS971.21

中国版本图书馆CIP数据核字 (2020) 第223412号

茗边·庚子秋

孙状云　主编

出 品 人　江　吟
责任编辑　吴心怡
责任出版　李　兵
责任校对　刘玉立
装帧设计　王　欣
出版发行　西泠印社出版社
（杭州市西湖文化广场32号5楼　邮政编码　310014）
经　　销　全国新华书店
制　　版　杭州和厚堂文化创意有限公司
印　　刷　杭州富春电子印务有限公司
开　　本　787mm×1092mm　1 /16
印　　张　11
印　　数　0001—5000
书　　号　ISBN 978-7-5508-3181-0
版　　次　2020年11月第1版　第1次印刷
定　　价　128 .00元

西泠印社出版社发行部联系方式：(0571) 87243079